U0111451

荷衣蕙帶

中西內衣文化

潘健華 著

三聯書店（香港）有限公司

目錄

導言

中西方文明發生碰撞以來，百餘年的中國內衣文化發展無可避免地擔當起雙重使命，梳理和探究中西方內衣文明的根源與脈絡已成為我們理解並提升自我要義的借鏡，整理和傳承中西方內衣文化是時代賦予的使命，中西方內衣文化的交匯共融乃是塑造現代中國內衣精神品格必由之路。

理清中西方內衣文化的思想脈絡，需要梳理中西方內衣文化的各個方面。在長期收藏、整理、考析中西方內衣物件的特點與文化過程中，憑藉一件件遺存的精美內衣，勾起了我對中西方內衣文化的品味思量與熱情衝動。清代張金鑒在《考古偶編》中有云："鑒賞家心領神會，判決了然；縱歷千年之久，如與古人相晤對。"這正是道出了我對中西方內衣文化研究的情懷。每當一件件巧奪天工的藝術品展示在眼前，便讓我彷彿神交到了內衣文化所蘊含的靈性、情緒、睿思等種種鑒賞的通感中去，開始了對中西方內衣文化長遠的發現、鑒識、考析的研究過程。

中西方內衣文化在價值理想中有相同點，更有相異處。相同在於都是對身體的防護與表現，具有實用功能和裝飾功能，而兩者之間的對裝飾的理想截然不同。中國內衣從漢代的汗衣，到唐代的抹胸，從宋代的主腰，到民國的肚兜，注重於理想化、內斂式、以"藏"為主的理想與情愛寄寓，民俗性極強。西方內衣從克里特島的半裙到文藝復興的緊身胸衣，從緊身胸衣到現代的胸罩與比基尼，以"顯"為主，艷情與表現身體始終是貫穿的主題。西方內衣以對身體的展現為主，將身體視作肉慾的平台，強調姿色就是力量，在表現身體、展露身體、塑造身體、顯示財富等方面不遺餘力。15世紀晚期開始，西方一直就強調表現女性的身體，內衣上沉醉於展現性愛的迷人魅力。西方學者洛倫佐・瓦拉（Lorenzo Valla）早在1431年的《論享樂》中就論述道："有甚麼比美麗的臉蛋與身體更可愛，更讓人快樂，更值得去愛？"瓦拉對女人不將其身體最漂亮的部分展露給世界而感到憤慨。此後，在畫家和詩人的作品中表現身體與臉蛋成為一種共識。

西方緊身胸衣通過各部分的比例協調來強化對身體美的表現。法國宮廷的奠基者弗蘭西斯一世認為女人缺少了身體的展露，"就像一年中缺少了春天，或是春天中缺少了玫瑰"。（維爾納‧桑巴特《奢侈與資本主義》）反觀中國內衣，卻是以不同的圖騰來寄寓不同的理想與生活姿態，並和習俗相對應，例如端午節穿"虎驅五毒"，春節穿"富貴牡丹"的大紅肚兜，而且身體不能示眾。中西方內衣不同的造物理念，體現的是不同的文化觀念。

社會與文化的變革也直接影響着內衣的革命，正如 20 世紀的實用主義哲學乃至此後的機能主義與中性風格，成為內衣文化古今的分水嶺。所謂實用主義即是"有用就是真理"。這是實用主義奠基人美國著名哲學家威廉‧詹姆斯的實用理念。他在 1907 年的著作《實用主義》和 1912 年發表的《徹底經驗主義文集》中都提到，我們的活動中凡是能幫助我們獲得成功的，能夠達到滿意效果和觀念的就是真理。"你可以說它是有用，因為它是真的，也可以說它是真的，因為它是有用的。"詹姆斯把抽象的實用主義原則發展成為一個比較系統的理論體系，並且讓人們將這種理論實際應用到生活中去分析解決各種問題。20 世紀內衣正是在這種大的意識背景下更加強調"功利"與"效用"。"功利"與"效用"又體現了 20 世紀西方文化的突出特點即非理性主義，也就是對資產階級的理性和上帝的否定，對資產階級文化的否定以及形式主義至上，用新穎離奇的形式來迎合資本主義的高度商業化。

將中西方內衣的生成與衍變，視作一部文化史，與它各自的社會制度、生活方式、審美習俗、生命價值理想有關。內衣文化的最大特性在於它淡化保暖遮體的生理功能的要求，而自生成起便成為管理身體、表現身體的工具，表達的過程也是吐露穿着者內在心思與意慾的過程。如果說款式結構是中西方內衣之父，美學理念是母，那麼文化意義就是它們的靈魂。例如對身體表現中"量"的處理與立意：中國的內衣的"量"是"思量"，體現道德倫理與節令習俗；西方內衣的"量"是"數的幾何形分割"，通過比例及形態來修身塑形。二者之間在"量"上就反映了鮮明的文化差異與價值理想。

無論中西方內衣有多大的差異，在功能與動機上它們都借內衣的載體來表達所擁有的精神境界，將之看作情感寄託、才智呈現的平台，從此來平衡、彌補、充實生活，使生活的興味、生存的樂趣達到一種自我生命升華的境界。以內衣文化中"身體與性表現"的理想價值為例，"忍"與"露"清晰地折射了中西方文化中的不同社會屬性。"忍"是一種受中國傳統道德倫理所影響的"不見可欲，使心不亂"及"將欲取之，必固與之"（老子《道德經》）的身體蘊藏；"露"是一種強調"姿色就是力量"及"姿色就是財富"的身體表現慾望：

中國

名稱	表現層面	深層動機
桃、石榴、梅、荷花等紋樣	生育、女性外陰、陰性	艷情、生命寄寓

身體與性表現

西方

名稱	表現層面	深層動機
緊身胸衣、比基尼、文胸	胸、腰、臀	強化性徵、物慾平台

　　中國內衣對身體與性表現的"忍"是忍在心思，故不直接表現身體，而是以一種比擬與象徵來更精神化、聯想化地表達；西方內衣的"露"展露式地表現並強化身體，視內衣為物慾的平台與性行為的載體。

　　中西方內衣演變的軌跡與時尚潮流一樣，具有鮮明的鐘擺現象，在"人為與自然"、"硬與軟"、"塑形與自由身體"、"連體與分離"等一系列循環轉化中順應一定的社會與文化、嬗變與流行。儘管如今的文胸、比基尼等已經演繹成女子身體的內在裝飾程式符號，但仍然具有緊身胸衣的基因，例如鋼圈與罩杯內襯的塑形表現胸乳；而另一方面時尚式抹胸的裹纏所淡化的對胸乳的表現，也同樣被時尚人士所青睞。

之所以將中華內衣定性為"民俗之符"，主要緣於它出自非官頒服志的特徵，它不受服志的制約與限定，是順從生活習俗與生命價值理想的自然生成，具有習俗化、民間化、自發化等一系列民俗生活特徵。它在功能上更多的服用於節慶與習俗，例如春節用大紅兜、端午節用虎符兜、女兒節用蛙符兜。西方內衣定性為"性之偶像"，因為四百多年來緊身胸衣一直被視為造型藝術所"包裹的裸體"與身體的外延，也是性趣的焦點及性愛中欲揚先抑的平台，正如斯蒂爾所言："內衣就是身體，身體在內衣的懷抱下有了它的形狀，內衣因為有了身體填充而與它合二為一。"

內衣之物雖微，卻受社會變革及文化所繫。20 世紀以來，人們的生活理想與價值理念產生了根本的變化，受多元文化及生活水準提升的影響，傳統內衣理念發生了革命性的變革，新時代的內衣理念成為時代的一種表情符號，開放、多元、個性的新思維也在內衣中得以充分體現。其一，借內衣來表現身體習以為常，性感至上，內衣成為表現女性胸乳欲擒故縱的一種幌子。如今所有大眾時尚類雜誌，由內衣襯托的豐胸美乳比比皆是。其二，品牌內衣在創造產品過程中，不遺餘力地追求性感與財富，通過墊、襯、托、吊等一系列工藝來對乳房整形，綴以珠寶鑽石來強化財富及身價，產品分類細化到年齡及職業。其三，市場經濟與傳媒的力量使內衣成為當今社會"美女經濟"中一種炫色載體，在層出不窮的選秀中，文胸、比基尼的形象是必選項目，而且成為考量營利或收視率的一種指標。所有這些都是對傳統內衣理念的顛覆。內衣原本具有"內在"、"貼身"、"私密"的性質。"內衣是秘密的衣服，它們藏在外衣裡面，就好像身體藏在衣服裡面一樣。人們只是在臥室裡和親人面前才顯示內衣"。（斯蒂爾《服裝與性》）如今，這個理念越來越淡化，"內衣外穿"、"內外衣混搭"均成為一種時尚的潮流。為此，內衣的交流對象從親密者之間拓展為公眾交流空間，從私密走向了公共空間。

Part 1

第一部分

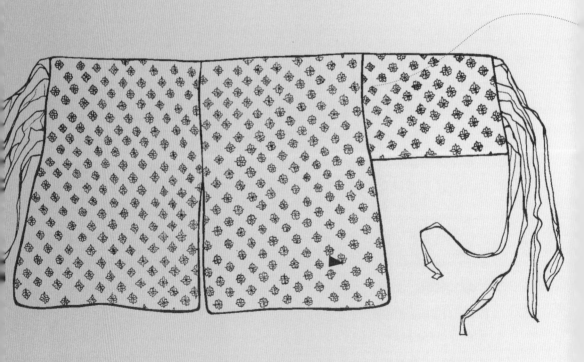

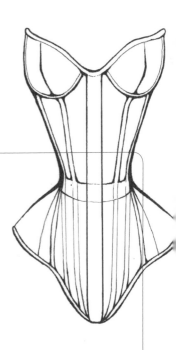

內 衣 的 名 稱 與 形 制

　　中西方內衣的命名與形制，均具備不同的文化特徵與價值理想，不同的造物理念與形態特徵反映着不同的審美差異，幾乎每個名稱與形制都如同一面鏡子，折射出不同的時代面貌與文化印記。從款式命名的總體思路來看：西方內衣直率而功利，表現身體與強調特徵，直奔主題（圖 1、圖 2）；中國內衣內斂而隱喻化，強調寓意與聯想，不管其名稱是一款一名，還是一款多名，均遵循這個定名的思路（圖 3、圖 4）。

　　出自不同的生活態度及習俗，中西方內衣命名生成於不同的社會文化背景，這一點不容置疑，然而它們林林總總的名稱之間又有着共性的規律：要麼以形態的結構功能來命名，要麼以表達特定的寓意與社會效應來命名。一種是表述式，一種是表意式。

1 ／時尚內衣／分體式紅色緊身胸衣式的內衣，透露性感與俏皮。

2 ／時尚內衣／束綁式黑色時尚內衣，通過對身體的綫條勾勒表現性感。

3 ／胸衣／綠底繡花，配以金綫裝飾，清雅中帶有華麗，寓意四季如春。

4 ／肚兜／以"蝶戀花"為主題的繡紋，寓意美好愛情。

一 以結構功能命名的內衣

以結構功能來確定名稱，主要是以內衣的形態外觀、結構方式、穿着狀態來命名，通過名稱直接地表達對身體包裝的外顯效應，諸如緊身胸衣、胸罩、抹胸、肚兜、主腰等。

① 緊身胸衣

緊身胸衣（corset）是文藝復興之後直到 20 世紀中葉流行於歐洲的一種最常用內衣，它源自於公元前 1700 年前克里特人的"半裙"形制（圖 5、圖 6），後被文胸所替代。

緊身胸衣的形成大約在 16 世紀上半葉，開始於貴族婦女們使用的鯨鬚緊身內衣 —— 在布製胸衣上添加更為堅固的鯨鬚、獸角、硬布等材料，使之對胸乳有支撐。先流行於意大利，隨後迅速風靡於歐洲（圖 7）。1579 年一位學者亨利·艾蒂安曾描述過這種胸衣："女士們稱鯨鬚緊身內衣是她們的支柱，穿於胸腹之間，可使腰身更為頎長挺拔。"這種前中心帶"支柱"的內衣通常被稱為"胸衣"。後出於需要，緊身內衣兩側又加上額外的骨條與支柱，使豐

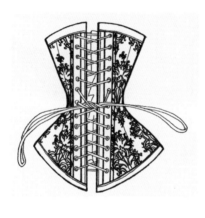

5　／石雕／克里特晚期的大理石女神像，已見西方緊身胸衣的雛形。

6　／壁畫（摹本）／克里特時期壁畫中王子像的腰布也是西方內衣的雛形。

7　／緊身胸衣／19 世紀 60 年代的胸衣，已經開始強調對乳房的托舉功能。

8　／復古風格的緊身胸衣／20 世紀後的復古型連體緊身胸衣，以不同面料拼接，兩側骨條修形，使性徵更為鮮明。

9　／復古風格的緊身胸衣／緊身三圍強調沙漏形，淡綠底色配以墨綠花紋裝飾，華貴大方。

10　／復古風格的緊身胸衣／連體黑色皮質緊身胸衣。內嵌的骨架起支撐沙漏型的作用。

11　/復古風格的緊身胸衣/帶有薄紗、花邊、吊襪帶的整套緊身胸衣。

12　/插畫（摹本）/穿着緊身胸衣和蓬體裙的女性。豐胸、細腰是她們贏得男人目光的最好籌碼。

13　/胸罩/20世紀之後在全球範圍內流行的女性內衣，既有保護乳房的作用，又有美化乳房的功能。

滿的身體與貼身束體的衣服結合得天衣無縫（圖 8）。

　　緊身胸衣有不同的名稱，常見的名稱有：Fathingale、Basquine、Corset、Waist、Busc、Busk 等。各個名稱之間有微妙的局部差異，例如 Fathingale 包含下半身的裙撐，Busc 為法國人的稱呼，Busk 為英國人的稱呼。將 Fathingale、Basquine、Corset、Waist、Busc、Busk 歸納為緊身胸衣的門類，因為它們之間具有共同的造型要素與裝飾理念，具體呈現在以下幾個方面：

　　a. 沙漏外形的緊身三圍（close-fitting）（圖 9）

　　b. 內有骨架作為塑形支撐（boned supporting）（圖 10）

　　c. 花邊、吊襪帶、編織物作為裝飾附件（lace、garter、hook）（圖 11）

　　緊身胸衣造型的首要功能是對身體第二性特徵的強調，極盡功利地表現豐胸、細腰、豐臀而將身體看做性愛與引誘的平台（圖 12）。為了強化對性特徵的表現，藉助於鯨鬚骨、金屬、象牙等材料做造型的結構支撐物，同時再配以花邊、緞帶等裝飾材料進行點綴，進一步營造身體第二性特徵的誘惑與情色意味。

②　胸罩

　　胸罩（Bra.），亦稱文胸、乳罩、胸衣，是現代女性保護乳房、美化乳房的常用內衣之一，一般由罩杯、繫扣、肩帶、調節扣環、金屬絲、填塞物等組成（圖 13）。

　　胸罩的雛形來自 1859 年美國人亨利 “對稱圓球形遮胸” 的設計專利，1907 年美國版《VOGUE》出現了 “胸罩”（brassiere）一詞，繼而開始被大眾所熟悉且接受。胸罩真正流行始於 1938 年美國杜邦公司發明了彈性纖維之後，加之全新的十字交叉與迴旋織造工藝生產的圓錐形罩杯問世，使胸罩的罩杯形態如同蓄勢待發的魚雷一樣風靡一時且流行至今。

　　胸罩與緊身胸衣最大的差異在於，胸罩僅對胸圍與乳房進行美化和托

14 /抹胸/宋代淡土黃色抹胸，表裡材質均為素絹，內有絲綿夾層。長 55 厘米，寬 40 厘米，上端束帶長 35 厘米，腰際束帶長 36 厘米。

舉，而且以乳房的下胸圍綫為表現中心，從而強調乳溝的表現及還原乳房應有的姿態，而緊身胸衣對乳房的表現是擠壓式的，使胸脯看上去像滿溢而出的牛奶。胸罩比緊身胸衣更具有穿着的舒適性及裝束塑形的功能，也符合人體工學績效所要求的衛生性。

③ 丁字褲

丁字褲（G-sting），亦稱 " T " 字褲（T-back），因其造型類似 " 丁 " 字而得名。丁字褲是人類最早的內衣形式之一，起源自七萬五千年前的非洲撒哈拉地區。由於氣候炎熱，人們僅用它作遮蓋及護飾男性生殖器之用，如同日本兩千多年前的 "芳達喜"（fundoshi）。

20 世紀 70 年代，南美巴西人將之用作泳裝的主流款式，目的在於強調臀部的性感與自然美，而且便於運動。丁字褲在 20 世紀 20 年代的西方社會，已作為脫衣舞女或色情舞者的職業服裝。

④ 抹胸

　　抹胸（圖 14）是唐代之後中國古代婦女褻衣的一種常用形制，最鮮明的特徵是"上可覆乳，下可遮肚"。這種"上可覆乳，下可遮肚"的款式名稱還有多種稱呼，如抹肚、抹腹、帕腹、抱腹、襴裙、心衣等。

　　抹肚。《中華古今注》載："蓋文王所制也，謂之腰巾，但以繒為之；宮女以彩為之，名曰腰彩。至漢武帝以四帶，名曰襪肚。"（注："襪"通"抹"。）

　　抹胸。《金瓶梅詞話》第六十二回："（李瓶兒）面容不改，體尚微溫，脫然而逝，身上止着一件紅綾抹胸兒。"《紅樓夢》第六十五回："只見這（尤）三姐索性卸了妝飾，脫了大衣服……身上穿着大紅小襖，半掩半開的，故意露出蔥綠抹胸，一痕雪脯。"

　　帕腹。《釋名·釋衣服》："橫帕其腹也。"也就是在胸腹之間有一塊幅巾，以飾掩身體。

　　抱腹。《釋名·釋衣服》："抱腰，上下有帶，抱裏其腹，上無襠者也。"指在胸腹之間的一塊幅巾上有帶子來繫束。

　　心衣。《釋名·釋衣服》："心衣，抱腹而施鈎肩，鈎肩之間施一襠，以奄心也。"（注："奄"通"掩"。）指在胸腹之間的一塊幅巾上又有肩帶的繫束。

⑤ 肚兜

　　肚兜，亦稱兜肚（圖 15）。屬於中國古代內衣"上可覆乳，下可遮肚"及"只有前片，沒有後片"的抹胸一類。在稱呼上將之獨立，是因為它比抹肚、抱腹等形制更有特色及功效，體現在以下一些方面。

　　其一，肚兜，是明清至民國時期較為時興的內衣形制，受眾面廣，為男女老少及不同時令所用。

　　其二，胸腹之間的幅巾通常呈菱形與長方形結構（也有葫蘆形、腰形、三角形等異形結構）。一般菱形的上端裁成平行而構成兩角，兩角左右再縫綴繫帶，以便穿着時繞頸而繫結，腹部的左右二角縫綴繫帶便於繫結後背（圖16）。

其三，強調紋樣的裝飾及多彩色布的運用，手法上以繡為主，而且所裝飾的紋樣必強調吉祥寓意的表達，如"蓮生貴子"、"百蝶穿花"、"五福和合"等傳統紋樣（圖17、圖18）。

其四，不同的節慶與時令中肚兜的色彩與紋樣也各不相同。如春節時用喜慶的紅色，端午時節用"虎驅五毒"紋樣為孩童消災祈福（圖19）。

其五，具有治腹疾的功能。年長者用雙層肚兜來為胸腹保暖，在肚兜上縫製一個兜袋，並放置相應的中草藥來治腹疾。曹庭棟《養生隨筆》中載："腹為五臟之總，故腹本喜暖，老人下元虛弱，更宜加意暖之。辦肚兜，將蘄艾捶軟鋪勻，蒙以絲綿，細針密行，勿令散亂成塊，夜臥必需，居常亦不可輕脫。又有以薑桂及麝諸藥裝入，可治腹作冷痛。"有婦科疾病的女性也喜歡穿藏有治理腹痛中草藥的肚兜。

⑧　主腰

主腰（圖20、圖21），亦稱"柱腰"。"柱"有扣、繫、紮的含義，"柱"與"主"諧音，此名稱的內衣以不同數量與方位的紐帶繫紮胸腹之間為形制特色。

主腰是元明時期婦女常用的貼身內衣，形款上比較多樣，有的與抹胸一樣，有的形款與背心一樣，有的還有半袖。主腰最具特徵的是巧妙地在胸、腰、肩處分別綴以繫帶，通過穿着時的繫紮而達到蔽體修身的目的。如江蘇泰州出土的明代三品命婦張氏主腰一件，形制與背心相似，長至腰部，前身衣片左右各綴三條繫帶，可分別對胸乳及腰進行"圍勢"的收蓄，上下各綴兩條繫帶，可進行"長短"的調節，充分體現了主腰修身塑形的功能。

15 ╱肚兜╱肚兜的鮮明特徵是"上可覆乳,下可遮肚"。此款肚兜中心繡以"將門女子"紋樣,表示對忠烈的崇拜。

16 ╱肚兜╱菱形肚兜上端裁成平行構成兩角,左右均有繩帶,方便繞頸而繫結。腹部左右兩角繩帶用於繫結後背。

17 /肚兜/類似於馬甲的形制。以近似色和低明度來融合多種色彩。"蝶戀花"的繡紋主題表達女性對美好情感的寄寓。

18 /肚兜/ 民國時期直身式圓領肚兜，淡藍綢底配以藍綠色系五彩繡，清雅秀麗。"蝶戀花"主題表達對纏綿愛情的祈盼，繡以菊花表達女性對"錚錚傲骨"精神的讚美。

19 /肚兜/ 清晚期黑底飾藍色綢緞雙層肚兜。"虎驅五毒"紋樣表達對孩童平安健康的寄寓。

20 /主腰/明代淺棕色素綢圓領紮帶主腰（平面展開圖）。衣長 63 厘米，腰圍 86 厘米。

21 /主腰/明代淺棕色素綢圓領紮帶主腰（正面穿着結構）。左右兩邊三根紮帶從後向前圍至胸前紮緊。既有修形作用，又有一定的尺寸餘量。胸腰部用束帶是明代"主腰"的一大特色。

二 表達特定意味命名的內衣

　　表達特定意味的命名，主要指內衣的名稱來自它所產生的社會影響力，側重於對應重大的社會事件或文化定勢，從而體現它的特殊社會效能與歷史價值。此類名稱強調內衣的社會功能與文化意味，淡化對結構功能與形制表象的描述，諸如比基尼、訶子、合歡襟等等。

① 比基尼

　　比基尼（Bikini）（圖 22），原本是位於北緯 11°35'、東經 165°25' 歸屬於馬紹爾群島的堡礁名稱。在 1946 年至 1958 年之間，美國人在此島上進行了約六十多次的原子彈與氫彈試爆。與此同時，1946 年 7 月中旬，法國人路易斯·里爾德（Louis Reard）推出了類似胸罩與三角褲組合的泳裝，並僱用一名應招女郎做模特在公共泳池展示。一周後，此款式就風靡於歐洲。由於這種款式的泳衣相當暴露，完全突破當時人們的傳統緊身胸衣的造型底綫，"做了撐架做不出來的事"（《時代》1965 年 12 月 31 日），發明者認為其影響力在時尚界無異於一次核爆，故取名為 "比基尼" 泳衣。而 1952 年將比基尼從室內公共泳池引入到室外黃金海岸的是澳大利亞設計師保拉·斯塔福德。

　　"（比基尼泳裝）引起了軒然大波。海灘巡查約翰·英法特立即抓了一個穿着保拉設計的短泳裝的模特，'太短了'，他一邊聲嘶力竭地叫着，一邊押送着這個模特離開海灘。保拉並沒有被嚇倒，她讓另外五個姑娘穿上比基尼泳裝，通知了當地報紙並邀請了市長、一位牧師和警察局長。甚麼事也沒有，但卻取得了驚人的宣傳效果。"（傑爾·艾《澳大利亞時裝二百年》，1984 年版）

　　比基尼泳裝（圖 23），在內衣史上的視覺衝擊力不亞於原子彈爆炸，反

22 ／比基尼／紅白圓圈裝飾的比基尼，基本款式為上身二片三
角形衣片，下身三角形底褲。

23 ／比基尼／比基尼泳衣是西方內衣史上的革命性創舉，追求
女性身體的自由流露而不是對身體的刻意造作。

映在以下幾個方面：其一，此款式對女性身體的表現"做了撐架做不出來的事"（《時代》1965 年 12 月 31 日），它利用了女性身體的原形，而不像此前的緊身胸衣那樣用胸撐與裙撐來再造一個身體；其二，此款式否定了此前的連體造型而分上下兩部分；其三，順應了該時期崇尚體育運動及健美時尚的理念，是一次內衣史上的華麗轉身，目的在於強調女性身體自由的流露，放鬆對身體"性"的刻意造作。

② 訶子

　　訶子，本是一種四季常綠的喬木，葉子形態有圓形與橢圓形。訶子作為女性內衣的名稱源自唐代楊貴妃掩飾與安祿山偷情的歷史典故。據宋代高丞《事物紀原》中引《唐宋遺史》載："貴妃私安祿山以後，頗無禮，因狂悖，指抓傷貴妃胸乳間，遂作訶子之飾以避之"，"自本唐明皇楊貴妃作之，以為飾物。"

　　訶子，性質上如同抹胸，是一種胸間小衣，與抹胸不同的是，在胸乳之間增添了一種小面積的裝飾，以作點綴。

③ 合歡襟

　　合歡襟是元代內衣的名稱，自蒙古族入主中原以後，內衣形制受蒙古族的影響，穿法上從後及前來護胸腹，胸與背之間多用一排盤扣或繩帶來束繫紐合，面料也以團花一類的四方連續織錦為主。

　　合歡襟的名稱極具中華內衣的文化意味。"合歡"有和合歡樂、男女交歡、和樂美滿等吉祥寓意。"合歡"古時亦作"合驩"、"合懽"，表達兩者之間的和合契約。漢代焦贛《易林·升之無妄》："二國合歡，燕齊以安。"明代梁辰魚《浣紗記·采蓮》："自從西施入宮，妙舞情歌，朝懽暮樂，算不得盡了千遭雲雨之情，記不起喫了上萬鐘合懽之酒。"清代紀昀《閱微草堂筆記·如是我聞二》："夫婦亦甚相悅，視其衾已合歡矣。""合歡"也是一種花木的名稱，合歡樹亦稱苦情樹，此樹開花即合歡。傳說古時一位秀才寒窗苦讀十載，準備進京趕考前，妻子指着苦情樹對他說：“夫君此去，並能高中，只是京城亂花迷眼，切莫忘了回家的路！”秀才應諾而去，卻從此杳無音信，妻子在家盼到青絲變白髮也不見夫君回，在生命垂危之際來到樹前，用生命發下重誓：“如果夫君變心，從今往後，讓這苦情開花，夫為葉，我為花，花不老，葉不落，一生同心，世世合歡！”說罷氣絕身亡。第二年，所有的苦情樹真都開了粉柔柔的花，還有淡淡的香氣，且花期只有一天，花朵晨展暮合。人們為了紀念這位女子，也就把苦情樹改名為合歡樹了。浪漫的傳說真切地反映了人們對和樂美滿生命的理想寄託。同時，“襟”也有左右契合及胸懷坦蕩之意，合歡襟的命名充分體現了中華內衣的文化內涵及生活理想。

綜合來看，中西方內衣的名稱林林總總，難以一一羅列且有待專項的考據。然而，它們均擺脫不了以下幾個共同的生成要素。其一，它們受政體與經濟的影響與制約，是該時代人們生活方式、文化習俗、審美觀念的直接體現，例如“文胸”、“肚兜”、“合歡襟”。其二，它們是對造物結構形態與穿着功能的描述，例如“緊身胸衣”、“主腰”。其三，它們服務於一定的穿着對象，具有特定的身份性，例如“丁字褲”、“訶子”。可見，中西方內衣從命名開始就具備了各自特有的文化規定性，這些特有的文化規定性經過不斷的展開與沿革，構成了不同的中西方內衣文化的歷程。

Part 2

第二部分

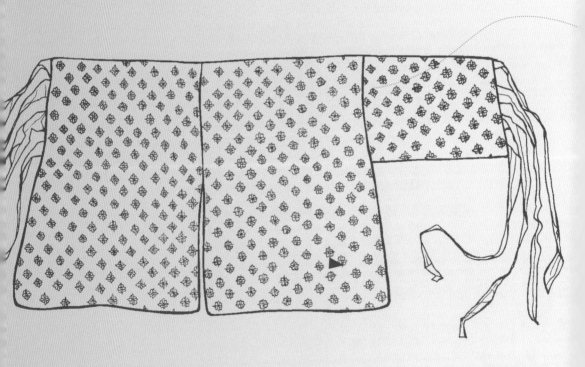

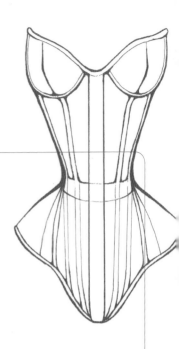

內 衣 的 變 革 歷 程

縱觀中西方內衣,其生成與演變歷經了數千年的歲月。不同的歷史文化背景造就了它們各自的發展軌跡。二者不同的價值理想、造物理念、功利動機以及對人體結構包裝的人文精神構成了不同的文化厚度和歷史深度。中國內衣的衍變經歷了從先秦到清朝的偏重於遮掩身體且表達倫理與生活理想的平裁式的漫長過程,直到 20 世紀與西方內衣相融合,最終發展到與國際接軌的立體塑形平台式服裝文化。中國內衣從秦漢的汗衣到唐代的抹胸,再到民國的肚兜,西方內衣從克里特島的"半裙"到哥特時期的立體構成服裝,再到風靡數百年的連體式緊身胸衣,最後發展為上下分體的胸罩和內褲,這些均體現了中西方不同的精神文化孕育出了具有各自特色的物質結晶。

洞察中西方內衣文化嬗變的內含本質,可以說,中國內衣是被寓意化的:中國內衣對身體的包裝儘管是一種私密的裝飾,但它與外衣的形態、裝飾、功用一樣具有鮮明的個性特徵,集中表現在刻意於寄託社會倫理與生活的價值理想,充滿對生命、生活、性愛、情慾等不同內容的隱喻。由此而生的形態與裝飾主要反映在視覺的"正面律"、結構的"平面化"、圖案的"圖騰裝飾的理想化"等方面。它儘管沒有服飾制度規定的內衣體系與穿着方式的限定,卻受到民俗民風的制約與影響。與之大相徑庭的是,西方內衣是被結構化的:從克里特島的袒胸半裙開始一直到如今的文胸,總是強調對身體理想化的表現,以三維、立體、數字幾何式結構來修形塑身,也可以說它是一種包裹的裸體,是一種物慾的平台。

一 被寓意化的中國內衣

褻衣是中國古人對近身衣的總稱。"褻衣,親身衣也。"(唐·楊驚)"褻"

字含有"不莊重"之意，可見在中國這樣一個禮儀之邦，褻衣是不能出現在公眾場合的，所以它不能輕易外露。衵服、汗衣、鄙袒、羞袒、心衣、抱腹、帕腹、袙腹、腰彩、寶襪、訶子、抹胸、抹腹、抹肚、襴裙、肚兜、小馬甲等都屬於褻衣。內衣名稱在不同時代、不同資料中都出現過。這些內衣有些是同種事物使用了不同名稱，有些是因為形制不同而有不同稱謂。

褻衣的出現在先秦時期已有記載。"季康子之母死，陳褻衣。敬姜曰：'婦人不飾，不敢見舅姑。將有四方之賓來，褻衣何為陳於斯？'命撤之。"（《禮記·檀弓》）在周代，婦女所着褻衣被稱為"衵服"。"陳靈公與孔寧儀行父通夏姬，皆衷其衵服，以戲於朝。"（《左傳·宣公九年》）"衵服"之稱謂直到南北朝時期仍然存在，如《南齊書·郁林王記》："居嘗裸袒，着紅穀褌，雜采衵服。"

此外，若論先秦服裝中對後世之內衣有着深遠影響的服裝形制，不得不提到深衣與冕服中的蔽膝。深衣是非常具有中國特色的一種服裝形制。《五經正義》中記載："此深衣，衣裳相連，被體深邃。"深衣之"上衣下裳"相連的服制形式一直影響着後來服裝款式的發展。《禮記·深衣》記："古者深衣蓋有制度，以應規矩，繩權衡。"說明古代深衣的製作是具有一定規矩的，例如，袖要平、領要方、背縫直、下擺平等。這些方、正、平、直的要求都與做人的道德規範有關，所以說"以應規矩，繩權衡"，更決定了此後的中國內衣始終迴避曲綫的表現。冕服中的蔽膝，又稱"芾"。"芾，太古蔽膝之象，冕服謂之芾。"（《左傳》）蔽膝原本用來遮擋腹部與生殖部位，後來逐漸成為禮服的組成部分表"禮"，再後來就純粹為表示貴者尊嚴了。另外，蔽膝還用來表示對先祖服裝的紀念：古代最早的衣服形成是先有"蔽膝"之衣，先知蔽前，後知蔽後。"後五易之以布帛，而猶存其蔽前者，重古道不忘本也……以人情而論，在前為形體之褻，宜所先蔽，故先知蔽前後知蔽後，且報芾於前，是重其先蔽而存之也。"（孔穎達《詩·小雅·采菽》）

後來出現的中國古代內衣——"兜肚"，有"上兜"、"下兜"之分，兜肚

有"有袋"、"無袋"之分（圖24—圖26）。兜，一是指"袋"，通常用來貯藏物品；二是指它纏繞、包裹、遮擋的穿着方式。兜肚的"兜"是一種廣義上的稱謂，其核心含義是"包纏胸腹"、"遮掩身體軀幹"。據考據上兜受古代"深衣"的影響，下兜由古代"蔽膝"而傳承。上兜正方、菱形的基本結構與古代"深衣"制度，中國的天地方圓，以應規矩一脈相承。可見古代"深衣"在穿着上的結構對上兜有着直接的影響 —— 皆是繞至後背繫紮。下兜由古代的"蔽膝"演變而來，也可以說"蔽膝"是下兜的雛形。下兜與"蔽膝"同樣繫於腰部垂至膝前，一為遮羞，二為儀禮與尊嚴，下兜和"蔽膝"的一塊"遮羞布"是一脈相承的。

　　公元前221年，中國歷史又開始了一個新的時期，即秦漢時期。中國古代內衣自這個時期開始，其內涵就與儒家學說中的"禮"相匯交融了。內衣，不僅順應體現了當時的生活水平、風俗習慣以及社交禮儀的一致性，而且非常強調"正名"。秦漢時期辨正禮制等級的名稱和名分，控制着人們的"慾"不超出由"名分"規定的度量範圍。"鄙袒"、"羞袒"的內衣名清晰地將內衣貼身受汗的功能價值導入"正名"之中。《釋名·釋衣服》："汗衣，近身受汗

垢之衣也”，“或曰鄙袒，或曰羞袒，作之用六尺，裁足覆胸背，言羞鄙於袒而衣此耳”。所謂“羞鄙於袒”，就是說赤膊不太雅觀，所以用“六尺”之布裁成小衣，遮覆胸背。同樣，作為內衣的“膺心衣”，其名分不僅是對“胸”、“心”部位遮掩的確定，更是“非禮勿動、非禮勿言”的人生信條在服裝行為方面所體現的精細守則，與“勞勿袒，暑勿褰裳”（《禮記·曲禮》）的準則相吻合。秦稱內衣為“膺心衣”，漢代的“心衣”同秦朝“膺心衣”，漢代也稱“抱腹”，後世亦謂之“袙腹”、“肚兜”。“心衣”的基礎是“抱腹”，“抱腹”上端不用細帶子而用“鈎肩”及“襠”就成為“心衣”。兩者的共同點是背部袒露無後片。《釋名·釋衣服》：“袍，苞也。苞，內衣也。”這種形制沿至秦漢而演變為男女不分的袍服，形制也日趨繁複，在領、袖、襟、衿等邊緣處有綴飾。《釋名·釋衣服》：“上下連，四起施緣，亦曰袍。”看來中國歷代的袍服形制與早期的內衣“苞”有着密切的關聯，作為內衣的“苞”也就成了歷代袍服由簡到繁、由內而外的“母體”。

　　與汗衣相比，心衣的形制就比較簡單。心衣通常做成單片，上可遮胸，下可掩腹，且兩端綴有鈎肩，並在鈎肩之間加一橫襠。穿着時，雙臂可從鈎肩處進出。《釋名·釋衣服》：“心衣，抱腹而施鈎肩，鈎肩之間施一襠，以奄心也”，“奄，掩同。按此制蓋即今俗之兜肚”（清·王先謙）。由此可推斷，心衣是由抱腹發展而來的，因此在抱腹上施以“鈎肩”和“襠”，可以“掩心”，所以形成新的內衣形制，即“心衣”。王先謙曾將心衣比作後世肚兜。“帕腹，橫帕其腹也。抱腹，上下有帶，抱裹其腹，上無襠者也。”（《釋名·釋衣服》）可見，“帕腹”是“抱腹”的基礎。即在橫裹在腹部的帕腹上加上帶子，起到繫結固定的作用，形成“帕腹”（亦稱袙腹）。

　　魏晉南北朝在服裝史家的眼中是精神上極其自由、解放，而且富於智慧、最濃於熱情的一個時代，因為這個時代以儒學獨尊為內核的文化模式的崩解和文化多元的發展。中國古代內衣在此段歲月中不為禮俗所拘，以袒露、寬博為境界的裝束風度，與以士大夫為首的階級所崇尚的虛無、輕蔑法度、落拓不羈的精神匹配。魏晉脫略之人所追求的美，強調氣質與聰慧的顯現，並不是以披錦衣繡、塗脂抹粉的一味人為的"錯彩縷金"為美。這種以舉止、言談、才氣、見識所構成的富有資質的美，體現了"形貌與內在神智的統一"。以阮籍為首的"七賢"，着寬敞的內衫袒露胸懷，這種披搭與敞胸完全是對漢代儒教禮俗的蔑視並體現對現實政治的反叛。被稱之為"袙複"或"袙腹"的女子近身衣，在形制上也充滿想像，以"開孔裁穿"的特殊結構而載世。此時還有一種內衣，名曰"裲襠"。"裲襠"來源於北方遊牧民族服飾，後傳入中原。"裲襠"與"抱腹"、"心衣"的區別在於它有後片，既可擋胸又可擋背。

公元 618 年至 907 年，中國唐朝書寫了一部繁盛絢爛的歷史篇章。唐朝女性審美受"胡服"的浸染發生了巨大變化，由魏晉時期的尚纖瘦一變為尚健碩豐腴，裝束也由褒博寬敞轉為修形稱身。"長安胡化極盛一時"對"近身衣"的滲透更多地體現於對颯爽豪氣、氣度非凡的人文精神的宣揚，而非僅僅是形款上的模仿和借用。

以宮女形象為代表的內衣形象呈現給世人的是一種養尊處優、錦衣玉食、閒來無事、奏樂自娛的華貴、驚艷式的外在符號，傳載着"唐源流出於夷狄，故閨門失禮之事不以為異"的信息。依賴"近身衣"來展示"承間歡合"、"相許以私"的習俗與生活方式，是當時社會風尚開放的一種態度（圖 27）。唐詩中"粉胸半掩疑暗雪"、"長留白雪佔胸前"的詩文，素描式地勾勒了以"抹胸"為代表的內在裝束所體現的無限魅力與表現肌膚的功利色彩。尤其是中晚唐時期流行的輕紗蔽體式抹胸，其"綺羅纖縷見肌膚"顯得尤為大度與開放。自此始，"近身衣"的情色價值及功利色彩也更為明顯。屬內衣形制的"訶子"記載着楊貴妃與安祿山私通，兩人頗為狂熱而楊貴妃胸乳間被抓傷，遂作"訶子之飾以蔽之"。宋代高丞在《事物紀原》中對"訶子"的胸飾有記載："自本唐明皇楊貴妃作之，以為飾物。"歸屬內衣的"訶子"其一用於掩飾"胸乳間"，其二用於取綠葉形態作點綴，其三充當着異性間愉悅、歡合之際的誘

27　/仕女圖（摹本）/身着高腰無肩帶抹胸的仕女。唐朝的抹胸，無論有無肩帶，都遵循"高腰綫"的造型理念。這種腰綫上移的造型對日本的和服以及朝鮮的高麗裙都有着深遠的影響。共同的高腰綫式造型，構成了東方服飾美學特徵的一種形象符號。

28　/抹胸（摹本）/宋代素色絲綢抹胸，"T"形結構形態，絲綢作底，上寬15厘米，下寬83厘米，高30厘米。

情物。另一種以束在胸際間的長裙充當內衣也是在唐時一大特色，《簪花仕女圖》、《宮女圖》、《納扇仕女圖》中均清晰地展現了這種形制，在裝束行為上使肩、胸前與後背全部袒露或雙肩披透明羅衫而時隱時現，均體現了唐代服飾文化的開放氣度及人文精神中精彩絕艷的異彩。唐將婦女裙腰束得極高，見楊貴妃浴後事及唐時所作的壁畫陶俑等，裙腰均半露胸乳。周濆《縫鄰女》詩"慢束羅裙半露胸"，李群玉《贈歌姬詩》"胸前瑞雪燈斜照"，方干《贈美人》詩"粉胸半掩凝晴雪"，歐陽詢《南鄉子》"二八花鈿，胸前入雪臉如花"，都是此類裝束的傳神寫照。

　　從南朝到隋唐這段時間，婦女的褻衣由"寶襪"簡稱為"襪"。"襪"與"抹"諧音，也是抹胸的一種稱謂。關於"襪"，有很多歷史詩歌可作為考證依據："釵長隨鬢髮，襪小稱腰身"（梁劉緩《敬酬劉長史詠名士悅傾城詩》），"錦袖淮南舞，寶襪楚宮腰"（隋煬帝《喜春遊歌》），還有唐朝李賀《追賦畫江潭苑》詩中所描述"寶襪菊衣單，蕉花密露寒"，指的都是這種褻衣。明代楊慎在《丹鉛總錄》對此有詳細注解："襪，女人脅衣（即"褻衣"，也稱"小衣"）也……崔豹《古今注》謂之'腰彩'。注引《左傳》：'衵服'。謂日日近身衣也，是春秋之世已有之……"衵露胸乳在唐代是一種流行的習俗，婦女們不但頸部裸露，胸部也有相當一部分暴露在外，舞女們尤其如此。"舞女胸部半裸，然而其他陪葬的雕像卻證明她們舞蹈時胸部是全裸的。顯而易見，唐代的中國人毫不認為婦女裸露胸部與乳房是甚麼壞事，但是在宋朝以後，這一部分被長袍上端的摺邊……高領遮蓋起來了。"（高羅佩《中國艷情》）

　　唐代以後，婦女的褻衣也稱"抹胸"。"抹胸"，胸間小衣，以方尺之布為之，也稱"襴裙"，後來發展成為清朝的"肚兜"。五代毛熙震《浣溪沙》："靜眠珍簟起來慵，繡羅紅嫩抹蘇胸。"宋洪邁《夷堅志》："兩女子丫髻駢立，頗有容色。任顧之曰：'小子穩便，裡面看。'兩女拱謝。復諦觀之，曰'提起爾襴群（裙）'。襴群者，閩俗指言抹胸。"明凌濛初《初刻拍案驚奇·西山觀設籙度亡魂》："'小娘子提起了襴裙。'蓋是福建人叫女子抹胸做襴裙，提起了，是要摸她雙乳的意思，乃彼處鄉間談討便宜的說話。"《金瓶梅詞話》第六十二回："（李瓶兒）面容不改，體尚微溫，脫然而逝，身上止着一件紅綾抹胸兒。"《紅樓夢》第六十五回："只見這（尤）三姐索性卸了妝飾，脫了大衣服……身上穿着大紅小襖，半掩半開的，故意露出蔥綠抹胸，一痕雪脯。"福建一帶，則將抹胸稱作為"襴裙"。田藝蘅《留青日劄》："今之襪（抹）胸，一名襴裙。隋煬帝詩：'錦袖淮南舞，寶襪楚宮腰。'……寶襪在外，以束裙腰者，視圖畫古美人妝可見。故曰楚宮腰。曰細風吹者此也。若貼身之衵，則風不能吹矣。自又名合歡襴裙。"

　　始於公元 960 年的中國宋朝，衣冠服飾總體來說比較拘謹保守，式樣變化不多，色彩也不如以前那樣鮮艷，給人以質樸、潔淨和自然之感（圖 28）。冠服制度的限制與後期程朱理學的影響有密切的關係。奠基於程顥、程頤而由朱熹集大成的理學，又叫道學，號稱繼承孔孟道統。它強調封建的倫理綱常，提出所謂「存天理、滅人慾」。在宋代後期，理學逐步居於統治地位。在這種思想的支配下，人們的美學觀點也相應變化。在服飾上的反映更為明顯，整個社會輿論主張：服飾不應過分華麗，而應當崇尚簡樸，尤其是婦女服飾，更不應奢華。如袁采《世範》一書，就曾提出女服「惟務潔淨、不可異眾」。各朝皇帝也曾三令五申，多次飭令服飾「務從簡樸」、「不得奢僭」。

受當時風氣的影響與制約，宋代服飾總的趨於平和淡雅、簡樸素潔，女性服飾以「窄、瘦、長、奇」替代了「肥、豐、露、透」。此時的「近身衣」同樣趨於短而窄，《宋徽宗宮詞》中「峭窄羅衫稱玉肌」，即形象地形容了內在服飾緊幅狹窄的風格。「襦」，是一種宋代婦女常用的內衣，衣身長至腰際，窄袖。《急救篇》注：「短衣曰襦，自膝以上，曰短而施腰者襦。」《說文》：「短衣也。」宋人詩詞中「龍腦濃熏小繡襦」，記錄着「襦」作為內衣不但有色彩而且加以刺繡。「抹胸」與「裹肚」在宋時成為常用的內衣形制。「抹胸」穿着後「上可覆乳，下可遮肚」，整個胸腹全被掩住，因而又稱「抹肚」，用紐扣或帶子繫結。《格致鏡原·引胡侍墅談》記：「建炎以來，臨安府浙漕司所進成恭後禦之物，有粉紅抹胸，真紅羅裹肚。」而「抹胸」與「裹肚」的差異在於前者短小，「抹胸」也能「繫之於外」。此類「抹胸」與「裹肚」為清代「肚兜」的流行奠定了基礎。

考古中發現的宋代婦女抹胸實物，有的形制為：上覆乳、下遮肚，因此抹胸又有「抹肚」之稱。「抹肚：蓋文王所制也，謂之腰巾，但以繒為之；宮女以彩為之，名曰腰彩。至漢武帝以四帶，名曰襪肚。至靈帝賜宮人蹙金絲合勝襪肚，亦名齊襠。」（《中華古今注》）上述提到的「腰巾」、「腰彩」、「抹肚」、「齊襠」這些名詞，均為抹胸的異稱。

遼、金、西夏、元等政權從公元 907 年開始，控制中國天下長達四個多世紀。這些時期都是以少數民族為統治的政體，遼以契丹族為主，金以女真族為主，西夏以党項族為主，元以蒙古族為主。這些政權建立之後，不僅

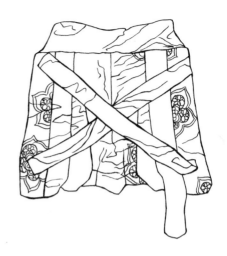

29 ／褻衣（摹本）／元代繫絷式寶相花綢地男子褻衣。胸前有一排盤花扣，胸後有兩條交叉的寬帶相連，與吊帶的結構不同。面料為寶相花綢緞。

在政治上統治漢人，在生活習俗乃至衣冠服飾方面，對漢族人民的限制也很大，更多地體現了少數民族的特點。

中國"近身衣"富有異彩的華章應數遼、金、元時期。它們共同的生命力表現在具有異族情調的服飾文化因子輸入裝束系統之中，中國服飾文化與外域服飾文化的聚合呈現絢麗多彩的內衣奇觀（圖29）。"華機子"（紡織提花機）的發明與黃道婆推廣的棉紡織技術，對"衣被天下"及棉織品的普及意義深遠。遼代的女性"抹胸"簡潔於"一橫幅布帛，裹於胸部"，契丹女子大膽將"抹胸"作為"女 "（女子相撲運動員之稱）的比賽服裝，以"抹胸"來"通蔽其乳，脫若褪露之，則兩手覆面而走，深以為恥也"。甘肅漳縣徐家坪出土的元代褻衣，胸前有一排密密排列的"盤花扣"，穿用時以紐扣縮結，是一大特色，與其他縛帶式褻衣不同。元代的"合歡襟"由後向前繫束是其主要特點。穿時由後及前，在胸前用一排扣子繫合，或用繩帶等繫束。

"汗塌"、"汗替"的稱謂隱喻着元代以遊牧民族為首的民族勇猛精進的性格。"汗塌"，是邯鄲土語對背心的稱謂。汗塌之稱謂元代時就有了。歐陽玄《漁家傲·南詞》之五有"血色金羅輕汗塌，宮中畫扇傳袖法"的詞句。汗塌又寫作汗，清代文康《兒女英雄傳》第三十八回寫道："揪着隻汗袖子，翻來

30　／主腰／明代五彩繡盤龍紋套頭式紅綢緞主腰。僅以一根簡約的繩帶在頸部套繫，形制極為大膽。胸際處的兩處抽褶，已包容着"以量變來修飾乳房結構"的人體工學理念。

覆去找了半天。"汗塌又叫汗衫，五代時馬縞《中華古今注》："汗衫，蓋三代之襯衣也。漢高祖與楚交戰，歸帳中汗透，遂改名汗衫。"《中國博物別名大辭典》："貼身內衣，因受汗汁，故名。"汗塌又稱汗衣。《釋名·釋衣服》："汗衣，近身受汗垢之衣也。"過去，汗衫是用棉布做成的襯衣。大名、魏縣一帶稱為"汗褂子"。現在，汗塌已專指機織的棉毛細布做的背心了。人出了大汗，背心前後片都"塌"在身上，稱"汗塌"倒很形象。

中國明代自太祖朱元璋起，歷經了二百多年的風雨，直到 17 世紀中葉退出歷史舞台。其內衣的變化在中國歷史上可以說是前衛而大膽的。明代內衣對多樣性、開放性、情色性的追求以及對明麗色彩的趨向，與社會風尚演變中"導奢導淫"、"鄙為寒酸"的美學價值及縉紳大夫放縱聲色的影響有關。"秦淮燈船之盛，天下無所……薄暮須臾，燈船畢集。火龍蜿蜒，光耀天地，揚槌擊鼓，蹋頓波心。"生活消費的發展，有力地突破了傳統禮制對於服飾森嚴井然的規範與制約，商賈遊食之徒與明娼暗妓的拍合，使內衣形制與色彩、用料趨向於"尊崇富侈"，"非繡衣大紅不服"、"非大紅裹衣不華"成為明代中後期的社會生活潮流（圖 30）。推動此時段內衣情色功利化的另一個原因是社會思潮中活躍的對肉慾赤裸裸的追求。《肉蒲團》、《玉嬌女》、《繡榻野史》等一大批性文學的不斷湧現，使作為身體包裝最內在、最羞袒的內衣充當了對禁慾主義反叛的符號。"這女兒……描眉畫眼，傅粉施朱，梳個縱鬢頭兒，着一件扣身衫子，做張做勢，喬模喬樣。""宮女們……用闊幅紗綾，加以刺繡，來之於胸腹間，名曰主腰。""主腰"外形與背心相似。開襟，兩襟各綴有三條襟帶，肩部有襠，襠上有帶，腰側還各有繫帶將所有襟帶繫緊後形成明顯的收腰。被稱之為"主腰"的貼身內衣"僅僅一方布帛，以帶縛於胸間"，以"露"表達對身體禁秘性的抗爭，在中國服飾文化中體現對理學禁慾主義衝擊的一大特徵。

元明時期婦女的內衣名曰"主腰"，其形制有繁有簡，簡單的僅用方帛遮覆在胸前，而複雜的比較像背心，因為它帶有衣襟和紐扣，更有甚者還裝上衣袖，形制如同半臂。元代馬致遠《壽陽曲·洞庭秋月》："害時節有誰曾見來，瞞不過主腰胸帶。"清朝西周生《醒世姻緣傳》第九回："計氏洗了浴，點了盤香……下面穿了新做的銀紅棉褲，兩腰白繡綾裙，着肉穿了一件月白綾機主腰。"秦蘭徵《天啟宮詞》："瀉盡瓊漿藕葉中，主腰梳洗日輪紅。"自注："以刺繡紗綾闊幅束胸間，名曰主腰。"《水滸傳》第七十二回："見武松同兩個公人來到了門前，那婦人便走起身來迎接，下面繫一條鮮紅生絹裙，搽一臉胭脂鉛粉，敞開胸脯，露出桃紅紗主腰，上面一色金紐。"田藝蘅《留青日劄》："今襴裙在內，有袖者曰主腰。"這些都是女子穿着主腰的考據資料。另外，考古發掘中也有發現主腰，有的主腰處於乳房下面的地方綴有一條帶子，由此我們可知明朝婦女已經有了束胸的習慣。

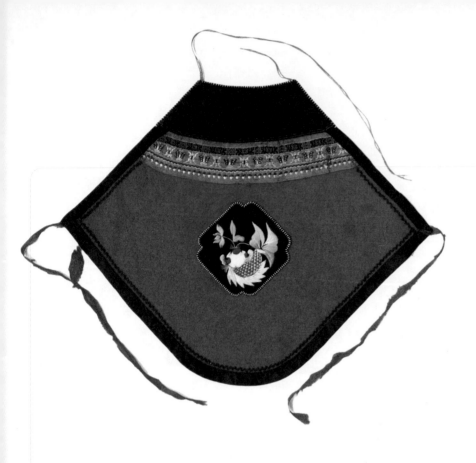

公元 1616 年，滿人統治中國，建立清朝。清代"抹胸"又稱"肚兜"，一般做成菱形。上有帶，穿時套在頸間，腰部另有兩條帶子束在背後，下面呈倒三角形，遮過肚臍，達到小腹（圖 31、圖 32）。材質以棉、絲綢居多。繫束用的帶子並不局限於繩，富貴之家多用金鏈，中等之家多用銀鏈、銅鏈，小家碧玉則用紅色絲絹。

明代婦女的束胸習俗，在清代得到了繼承。清代韓邦慶《海上花列傳》第十六回："楊媛媛乃披衣坐起，先把捆身子紐好，卻憎鶴汀道：'耐（你）走開點呢！'"第十八回："淑芳見浣芳只穿一件銀紅湖縐捆身子，遂說道：'耐（你）啥衣裳也勿着嘎！'"這種捆身子即束胸的發展和延伸。

"兜肚"，也是我們常說的"肚兜"。它有各種各樣的形制，但一般上端都裁成平直形，成角的兩端各綴有一條帶子，使用時可將兩條帶子繫結於脖子上。肚兜左右兩側也各綴一帶，用來繫結於背後。在明清時期比較流行，是當時男女老少通穿的服裝。肚兜上所繡的各種紋樣都有獨特的寓意，比如：

31　/肚兜/菱形肚兜上端左右兩角均有繩帶，方便繞頸繫結。腹部左右兩角繩帶用於繫結於後背。繡以"魚兒戲蓮花"紋樣，表達生殖崇拜。

32　/肚兜/肚兜左右兩根帶用來繫結起到調節腰圍的作用。魚、獅子、孩童的紋樣為祈求祥瑞及子孫興旺。

33　/肚兜/獅子四周環繞銅錢、如意、文房四寶等物件，既表達對祥瑞的祈求，也寄寓能擁有才華、財富、好運等。

兒童所穿肚兜上多繡以獅子、老虎，用來保平安、辟不祥（圖33、圖34）；
婦女所穿肚兜上繡蝶戀花以求夫妻恩愛（圖35），繡石榴以求多子（圖36、
圖37）。這些都反映了人們對美好生活的嚮往，均為寄情於物的真實體現。
另外，肚兜還可做成雙層（圖38），內加棉絮或藥物，用以保暖或治療腹部
疾病，一般老人常用。除一些傳世實物外，至今保留的文字記載也可作為我
們對此研究的史料。如明代馮夢龍《醒世恆言・盧太學詩酒傲王侯》："盧才看
見銀子藏在兜肚中，扯斷帶子，奪過去了。"《紅樓夢》第三十六回："說着，
一面就瞧他手裡的針線，原來是個白綾紅裡的兜肚，上面紮着鴛鴦戲蓮的花
樣，紅蓮綠葉，五色鴛鴦。"清顧鐵卿《清嘉錄》："又小兒繫赤色裙襴，亦彩
繡為虎形，謂之'老虎肚兜'。"曹庭棟《養生隨筆》卷一："腹為五臟之總，
故腹本喜暖，老人下元虛弱，更宜加意暖之。辦兜肚，將蘄艾捶軟鋪勻，蒙以
絲綿，細針密行，勿令散亂成塊，夜臥必需，居常亦不可輕脫。又有以薑桂

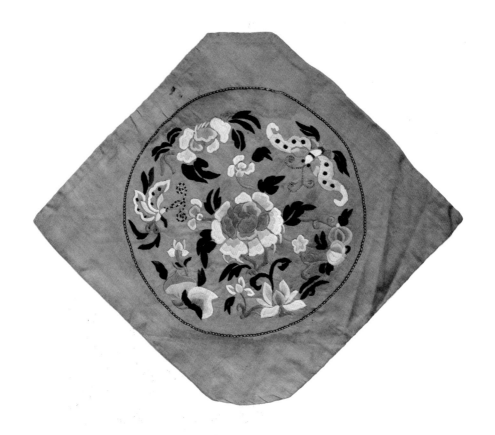

34 ／肚兜（局部）／借百獸之長的獅子作為辟邪鎮惡之神靈，祥雲紋樣用於神獸首尾之飾，更強化了吉祥的寓意。

35 ／肚兜／清中期肚兜，色暈繡蝶戀花紋樣寓意夫妻恩愛，顏色上以降低純度與明度達到近似調和的色彩效果。

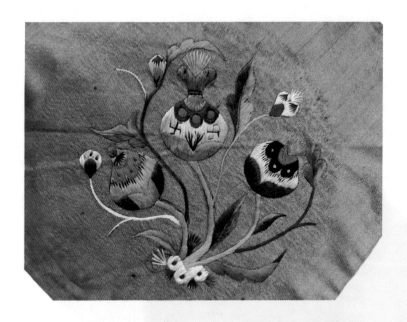

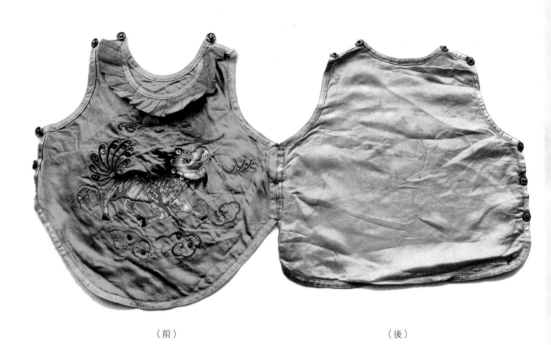

（前）　　　　　　　　　　　　　　　　　　（後）

36 ／肚兜（局部）／石榴紋樣用來表達對子孫興旺的期盼。

37 ／兜肚（局部）／納梢（納梢的設置部位一般在內衣左右角隅兩側與繫帶鏈接的契合處，迴避 "斷"、"接" 的不吉之説，同時也有 "出境生花"、"出境生情" 或 "出緣必飾" 的意義。）處，繡以石榴紋樣亦有期盼多子多孫的寓意。

38 ／肚兜／民國時期元寶式女童肚兜，五彩釘繡麒麟踩雲紋樣裝飾，綢緞質地，前後雙層結構。

THE TEACHINGS OF WESTERN CIVILISATION

39　40

39 ／廣告畫（摹本）／ 20 世紀 20 年代西方畫家所繪的上海風情畫。櫥窗內的西方內衣模特引來國人的好奇。

40 ／石雕／克里特時期大理石持蛇女神像雕塑，展現了西方緊身胸衣的最早形態。

及麝諸藥裝入，可治腹作冷痛。"這些記錄都表明了肚兜的存在與實用價值。

　　不論主動還是被動、情願還是不情願，1840 年至 1921 年的清末民初的中國古代內衣面對廣闊的世界呼吸吞吐，接納西方資本主義服飾文化中內衣"修身塑形"的新鮮養料，調節、完善了自己的再生機制（圖 39）。例如，20世紀二三十年代的小馬甲，形制窄小，通常用對襟，襟上也施數粒扣，穿着時就講究胸腰裹緊。應該說小馬甲的款式在外形上已經與西方的胸罩有了某些相似之處。內衣生機勃勃的新質細胞在中國服飾文化肌體內由隱而彰、由弱而強、由內而外地分蘗、繁殖起來，習俗之變將"纏足"與"束胸"的陋習興然變除。"……愛華兜興，女兜滅……""束胸"的千年沿俗被拋進了歷史的垃圾箱。"適於衛生，便於動作，宜於經濟，壯於觀瞻"（《孫中山全集》第二卷）的科學理念同樣體現在內衣的變革上，最具特色的內衣形制即"肚兜"（或"兜肚"），到了此時，發展為對胸、腹的部分遮掩，有尺寸的大小，強化紋飾寓意，以吉祥文字作飾，具有功能化要求的提升等全新內涵。以"束帶"改為"扣飾"，以"掩蓋"改為"展露"，以對胸脯的"裹隱"改為對乳房的

"托舉"，以功能上對身體的"摧殘"改為"衛生適體"……一系列中西方內衣文化的交融與創新，使"肚兜"形制更具魅力和文化價值。

到了民國時期，一種極為緊窄的背心成為女性的流行內衣。這種前胸開襟的背心上釘有一排密密的紐扣，穿着時需要從後面繞到前部，扣上紐扣作為固定。天笑《六十年來服裝志》："抹胸倒也寬緊隨意，並不束縛雙乳，自流行了小馬甲……多半以絲織品為主，小家則用布，對胸前雙峰高聳為羞，故施百計掩護之。"1927 年出版的《北洋畫報》對這種束胸的小馬甲還有刊載。

二 被結構化的西方內衣

公元前 3000 年，克里特文明已經開始。它又被稱為"米諾斯文明"（源於古代希臘神話中克里特王米諾斯的名字）。克里特文明屬於青銅時代中、晚期文化。在公元前 2250 年至 1200 年之間，克里特島就成為一個海上帝國中心，在政治上和文化上擴大它的影響及於愛琴海上諸島和大陸的海岸……它的自然主義美術值得最高的讚美，它享受着在許多方面就其舒適性而言比古代世界的其他任何地方更"現代化"的文明。

克里特島的伊拉克里翁考古博物館（Iraklion Archaeological Museum）收藏的黏土小雕像米諾斯蛇女神（Minoan Snake Goddess）（圖 40）是公元前 1900 年至 1600 年前後，米諾斯第三代王朝中期的作品。女神身着的收腰塑形服裝 —— Half Skirt，被認為是最早的緊身胸衣的雛形。這種表現身體曲綫的裙形在後來基本上成為了歐洲女裙的固定形態，基本造型為上衣與裙子組合的上下分離式，上衣很短，立領，領口開得很大，整個乳房全部裸露在外，衣襟在乳房下繫合，從下面托起豐碩的雙乳，腰部由寬帶勒緊。裙子為帶有很多褶襉的下擺寬大的吊鐘形態。尤其是上衣以其天才的裁剪技術創造了緊身合體的沙漏形態，率直表達出對人體第二性徵的追求。克里特壁畫與雕塑中，貴婦所穿的袒領衣，就是此類服制形態與程式。這種強調第二性徵的服裝的出現與當時的文化有着很密切的關係。克里特時期是母系社會，出於對生殖的崇拜，着重表現女性用來哺育後代的胸部是非常自然的事情。另外，據記載當時婦女喜愛追求美麗而理想的身體曲綫，這也是她們為甚麼在服裝上有所追求，突出表現細腰圓胸豐臀的原因。當然，她們強調理想中的這種身材也許並不單純為了表現性感，同時也是表現作為女人特有的第二性徵的美。公元前 1450 年前後，宮殿遭到人為破壞，可能是由於巴爾干半島希臘人的入侵。從這時起希臘人成了克里特島的主宰，並逐漸與當地原有居民融合，克里特文明亦隨之結束。隨着克諾索斯宮殿遺址的發掘和出土，古希臘克里特島就是緊身內衣的發源地這種說法的可信度與日俱增。

在後來很長一段時間中，表現身體曲綫的服裝都沒有出現過，取而代之的流行服制是寬鬆而隨體的。

直到羅馬風格的出現，凸顯身材的服裝終於回來。法國考古學家苟蒙（Arcisse de caumont），在其 1825 年的著作中把哥特式建築以前的中世紀建築樣式稱為 “Roman”，後來人們就用 “Romanesque”（意為 “羅馬式的”、“羅馬風格的”）這個詞，來泛指 11、12 世紀的所有文化現象（包括繪畫、雕刻、建築、音樂和文學等）。

羅馬式時代的文化是南方的羅馬文化、北方的日耳曼文化、東方的拜占庭文化以及西方的基督教宗教精神融合的產物。羅馬式以前，男女服裝尚無明顯差別，到了後期，女服開始通過收緊腰部來表現身體曲綫。這一舉動，逐漸劃開男女服裝的造型界綫，呈現出明朗表現服裝性差的前兆。羅馬式時代服裝的外衣 —— 布里奧（bliaut），是講述此時期服裝變化的最好例證。在穿着布里奧時，需將一條長長的腰帶在腰圍一圈繞住，即由前方繞到背後交叉或繫一下再繞回前方，最後在腹部低腰處繫住，垂於身前的穗飾增添了服裝的美感和趣味性。到 12 世紀後半葉，人們開始考慮身形的曲綫，將布里奧兩側向內收緊。然而從服裝的裁片工藝上可得知，這時期的收身服裝，仍屬於平面裁剪的範圍。人們將衣服的前片和後片的兩側修剪成有腰綫的凹形，並在後片的正中央開口，開到腰部，然後在這個開口的兩邊挖很多小孔，將繩子或帶子穿進去，類似於我們今天穿鞋帶的方法，穿好衣服後將帶子抽緊即可。這種改進使得服裝與之前不收身的形制相比肯定較為符合自然體形。另外還有一種更符合人體的裁剪形制就是在身體兩側開口，同樣用繩子或帶子抽緊。與此同時，人們在裙形的改變上也有所思考，他們將三角形的布綁結在裙子上，使下擺增大，裙子的後片底邊就拖在地上呈現出扇形，這樣整個服裝看起來具有非常漂亮的曲綫感。

　　哥特式初期的服裝以寬敞的筒形為主，所以男女服裝的區別並不明顯。羅馬式時代布里奧的變化，喚醒了人們發展收腰合體服裝的意識，於是 13 世紀出現了立體裁剪的服裝。這種裁剪方法將服裝從過去的二維平面空間形成推向三維空間立體構成。過去寬大服裝屬於古典式或東方式的平面裁剪，羅馬式時代的服裝雖然也有向收腰合體方向邁進，但仍然只是在平面裁剪的基礎上簡單地將前後衣片兩側向內挖出曲綫形來做出合身的衣服，在根本上還是沒有擺脫平面裁剪的性質。而這時期的服裝裁剪方法卻出現了大的突破，即是從服裝的前、後、側三個面去掉胸腰之差形成的餘量。更有進步的是，在從袖根到下擺的側面加進去若干三角形布塊，這些不同的三角形布之間在腰身處形成許多菱形空間，這就是我們如今所說的服裝上的"省"（或"省道"）的雛形。（省，英語為 dart，本意為投槍、梭鏢，因與形成的菱形空間相似而得此名。）因此，服裝上就出現了一種過去不曾有過的新側面。也正是這個側面，將服裝從古代的平面二維空間分離出來，從而成為近代三維立體服裝結構的里程碑。也就是這個時候，東西方服裝在形式構成和成衣觀念上明確了各自的體系。所以，三維立體裁剪的出現，成為了不僅是東西方服裝同樣也是古今服裝構成的一個分水嶺。省道的利用在之後的服裝上一直發揮着重要

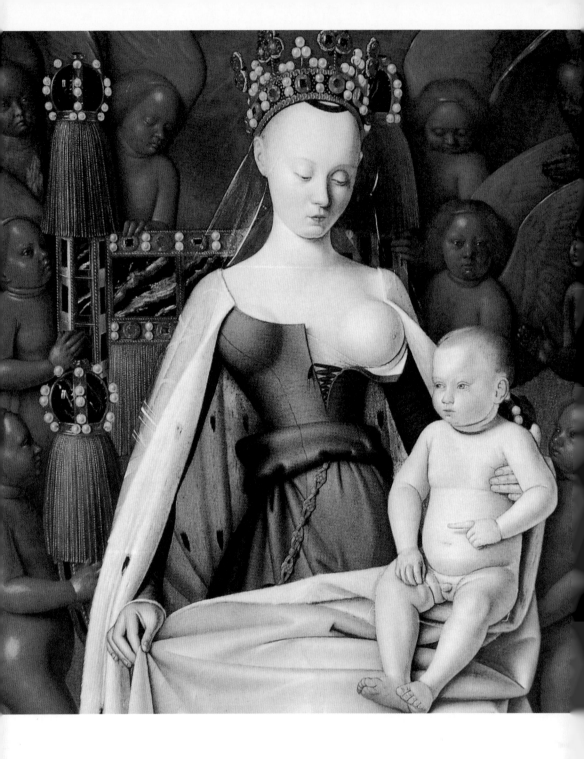

41 ／聖母瑪利亞和聖子（油畫）／1450 年，讓‧富凱。圖中聖母穿着緊身胸衣，
顛覆了以前中世紀內衣無性別特徵的形象。

作用，它的出現更好地貼合並突出了人體曲綫，尤其在女裝輪廓的表達上更為明顯，它把女性玲瓏有致的身材淋漓盡致地勾勒出來。

13 世紀的服裝審美就是對人體嚴密的包裹，人們總是盡量將自己的肌膚給藏起來。那時的頸布就是用來包纏下頷和脖頸的。然而到了 14 世紀，服裝的形制卻與此大為逆轉，開得很大的領口將女人們的前胸和肩部展露無遺，成為非常受歡迎的款式。這種情況的出現，與 13 世紀省道的發明有着必然的聯繫，這種立體的裁剪方法使人們更重視自己的身材，他們用體形來表現服裝的美。服裝的潮流趨向於奢華和富麗，以往所呈現的宗教色彩也在逐漸消失，自然愛美的人性被召喚甦醒。比如 14 世紀出現名為"克塔爾迪"（cote hardi）的外衣，就很好地詮釋了這一着裝理想。克塔爾迪起源於意大利，14 世紀後流行於西歐，這種外衣從腰到臀部都非常合體，領口大到祖露雙肩，臀圍以下的裙子上又被插入很多三角形布，從而形成曳地長裙，所以它能很好地將優美人體輪廓勾勒出來。

文藝復興之後，風靡西方數百年的緊身胸衣問世，一直到 20 世紀在歐洲都十分流行。文藝復興時期的人文主義反對封建神學，反對教會禁慾，強調以人為中心，以人性代替神性，倡導個性解放等等。所以這時期的文化藝術等方面都發生了巨大的變化，同時也對服裝產生了重要影響。服裝在外觀上就體現了男女的不同：男子服裝呈上重下輕的倒三角形，通過加強上半身的重量來體現男子的健壯，收緊的下半身則體現出男子的性感；而女子服裝剛好相反，呈上輕下重的正三角形，緊身胸衣的使用高高托起了女子的胸部，收緊的纖細腰肢和下部膨大凸起的裙子形成鮮明對比，強化了女子身體性感的曲綫。

15 世紀的時候，時髦的歐洲女性已經開始穿着裹身的衣服來凸顯有曲綫的身材，尤其是胸部。這種服裝被認為是近代緊身胸衣的雛形之一（圖 41）。另一種被認為是現代緊身胸衣雛形的內衣起源於 16 世紀的西班牙，是中世紀末期婦女所穿着的緊身內衣。這種內衣為背心式，雖然能夠勾勒身形，但依然是用布料製作的，另外，內衣還附帶鐵環或鯨骨圓環短裙。這種緊身內衣後來迅速風靡法國和意大利。

到了 16 世紀，隨着工藝和版型的不斷修正，緊身胸衣已具有較完備的形制，在服裝大系中佔有獨立的地位，擔任塑造女性胸腰臀部曲綫的重要角色。16 世紀上半葉，貴族婦女們便開始穿着不是單純用布料做成的緊身胸衣了，她們的布製胸衣裡嵌入了堅固耐用的鯨鬚、獸角、硬布等能夠強制改變身形的材料。1550 年至 1620 年時期的西班牙女裝源於文藝復興時期，當時的人們想盡一切辦法來收緊女性的腰身，強調突出細腰之美，因為細腰被認為是表現女人性感的重要因素。這時出現的束腰緊身胸衣"巴斯克依"（Basquine）——一種嵌有鯨鬚的無袖緊身胴衣，就用來幫助愛美的女性貼近她們的夢想。與此同時，為了凸顯纖細的腰肢，西班牙女裝使用"法勒蓋爾"（Farthingale，最早的一種裙撐）來誇張下半身。隨後，這一審美形式愈演愈烈，為了呼應體現豐臀而越發龐大的裙子，女性的腰肢也要求被勒得越來越細，以至於鐵製胸衣也被搬上緊身胸衣的舞台。這種鐵甲一樣的胸衣原本是醫生用來糾正變形脊椎的醫療工具，但在法國亨利二世（1547—1559 在位）的王妃特琳娜·德·梅迪契的嫁妝中卻出現了這種胸衣。這種鐵甲一樣的胸衣分為前後兩片，在側縫位置，一邊裝合葉用於開合，一邊裝掛鈎用來固定，可以說是最冰冷無情的緊身胸衣了。顯然，王妃使用鐵製胸衣的目的不是用來糾正扭曲的脊椎，而是用來收腰塑形的，因為她心中理想的腰圍大小是 13 英寸（約 33 厘米）（圖 42）。女性緊身胸衣的魅力不僅僅來自於暴露性感的內衣和被高高托起的胸部，男性幫助女性穿衣時所產生的性挑逗快感，也是內衣大獲人心的重要原因之一。但也有另外一種說法，緊身胸衣意味着嚴謹與尊重，束縛了身體，也就控制了性慾。

1577 年前後，名為"苛爾·佩凱"（Corps Piaue）的內衣加入西方緊身胸衣的大家庭。苛爾·佩凱也是一種非常厚硬的緊身胸衣，因為只有這樣才能強制性地勒緊腰身。其做法是將兩層以上的亞麻布納在一起，布與布之間還常常加入薄襯，為了起到加固定型和更有力的收腰效果，在製作時還要在胸衣的前、側、後的不同部位縱向嵌入鯨鬚。胸衣的開口在前胸的中央位置或者背部，穿時用繩子或帶子繫緊，達到收勒的效果，下邊緣的內側綴細帶或者鉤子與法勒蓋爾相連接，外側的裝飾布可以蓋住這一接口，使上衣下裳形成一個整體（圖43）。外胸衣前部中軸綫最下端的尖形叫做巴斯克（busk，法語為busc），也有的下端呈棒狀，busk被理解為性暗示標志。英國女王伊麗莎白（1558—1603）曾對束腰大為倡導，因為穿着緊身胸衣的人們，不論男女，的確在身形上更為挺拔，氣質上也更顯高貴（圖44）。瓦萊麗·斯蒂爾對這個時期的緊身胸衣有這樣一段描述：“這種前中心帶‘支柱’的內衣通常被稱為‘胸衣’。處於某種需要，緊身內衣兩側還要額外加上骨條或支柱。把早期緊身內衣成為鯨鬚形身體這一史實是極為重要的，因為它將豐滿的身體與貼身束體的衣服結合得幾乎天衣無縫。身段，尤其是女性身段，在歷史上的重要性被不知不覺地抬高了……緊身內衣前中央部位會加有木頭、金屬或者其他一些堅硬的材料，然後用絲帶繫緊加以固定。”

17世紀的巴洛克時期，其藝術風格一反和諧、穩重的古典風範，追求繁複誇張、生機動感、華麗宏大的氣勢，同時也非常強調裝飾性。17世紀後半葉出現的緊身胸衣苛爾·巴萊耐（Corps Baleine）就體現巴洛克風格的特點，其表面裝飾非常華美，可以直接作為外衣穿着（圖45）。由於服裝上下所用面料一樣，所以在外觀上給人一種連衣裙的整體感。為了達到細腰的目的，這時期的緊身胸衣也作了改進，除腰部嵌有許多鯨鬚之外，縫綫從腰向上直到胸部呈放射狀張開，這種立體構成的考慮能使胸衣在視覺上起到更明顯的收腰效果。這時期的女孩，從兩歲開始就要穿上小巧的緊身胸衣了，雖然穿此胸衣的目的是為了支撐她們稚弱的身體，防止骨骼變形，但這也的確為今後更好地塑造纖腰豐乳作了提前準備。另外，男孩也要穿這種緊身胸衣，直到他們開始穿短褲為止。

在英國，束腰的流行遠比在法國影響更為深遠，因為英國人認為寬大的

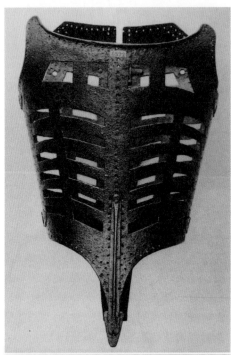

42 ／鐵製胸衣／16 世紀晚期的金屬內衣，起初是用來糾正變形脊椎的。

43 ／穿着緊身胸衣的女性（摹本）／這種緊身胸衣的開口在前胸的中央位置或者
背部，前胸與後背依賴綾繩的抽縮調節尺寸，下邊緣有一圈裝飾布，與下裙
對接。

44 ／緊身胸衣／西方文藝復興時期，帶有緊身胸衣結構的宮廷禮服。

45 ／穿着緊身胸衣的女性（摹本）／17 世紀晚期，裝飾有華麗皮草的塑形胸衣，
使身體凹凸有致，繁複誇張中顯示華麗。

46 ／孕婦裝緊身胸衣（摹本）／結構上有了一定的改進，前開口方便穿脱，沒有鯨
骨支撐主要減少對腹部的壓力。

42 43
45 46
44

裙擺違反了莊重的道德原則，而緊身胸衣則是嚴謹的道德代表。另外，緊身胸衣也是貴族的代名詞，穿着緊身胸衣的人身姿挺拔、舉止高雅，這無疑成為了身份和地位的象徵。緊身胸衣給人們高貴和富有教養的氣質，即便在勞動婦女穿了廉價的仿造品之後，緊身胸衣仍然是人們熱烈追求的對象。

18世紀，英國一位服裝史學家——安妮·巴克在搜集了大量的實物和文字後，說道："緊身胸衣是勞動婦女日常着裝的一部分。甚至像剪羊毛、拾麥穗的女人，也會在工作的時候在長裙或襯裙的外面罩上短小、下擺帶垂片的緊身胸衣。女人們這樣穿着她們的緊身胸衣，她們就不會感到自己與那些脫掉上衣幹活的男人一樣沒穿衣了……當然，這樣的緊身胸衣與貴婦人華麗的胸衣是無法同日而語的。"18世紀出現的一種短上衣，叫做"裙裾"（英文為jumps，來源於法語jupe，原本意思為"裙子"）。這種新款的緊身胸衣是正面繫帶的，所以穿起來要方便很多，因為即使沒有別人的幫助，穿着者也可"自食其力"。據說當時英國的中產階級以及貴族的女性都喜歡把這種胸衣當作便裝，甚至是孕婦裝來使用（圖46）。18世紀洛可可時期的胸衣發展，相比以往任何時期都可以說是有過之而無不及。為了博取男性的關注和歡心，當時的女裝對形式美的要求極高，所以當時的胸衣在鯨鬚的嵌入數量和嵌入方向上都比巴洛克時期更加突出女性的性感曲綫。女人們為了擁有纖弱又惹人憐愛的腰肢，從未成熟的少女時代就開始不分日夜地禁錮自己柔嫩的身軀，以便獲得理想體形。到了需要盛裝出席的時候，她們更是不顧一切地拚命把自己擠進更小一號的緊身胸衣裡，由於胸腹部血液流動受阻，導致袒露的胸部上青色的血管分明可見，然而這一點卻也成了當時極具誘惑力的性感條件。有些女人為了給自己增加這種纖弱的性感美，甚至用顏料在胸部畫上青色血管，來博得男人們的青睞。

到了18世紀中期，苛爾·巴萊耐的製作技巧有了更大的進步。比如把要嵌入胸衣的鯨鬚事先按照體形調整好曲綫，哪怕在胸衣上沿也要嵌入已固定成形的鯨鬚。背後直綫形的鯨鬚，用來壓平凸起的肩胛骨，使背部顯得平順，腰身顯得挺拔。由於胸衣和裙撐上需要大量使用鯨鬚，荷蘭甚至為此專門成立了捕鯨公司。

另外，緊身胸衣前部的下端處向下呈很尖的銳角形狀，這樣不僅可以使腰部顯得更為修長和纖細，而且還能把人們的視綫指引向女性的私密處，這個銳角可以說非常具有挑逗性和誘惑力。

18世紀90年代，女裝中出現了一種高腰式新古典主義長裙（圖47），這種長裙與緊身胸衣搭配穿着，很快流行起來，但是也引起了不少諷刺。1796年，英國曾流行這樣一首詩——《牧羊人，我的腰不見了》：

牧羊人，我的腰不見了，你有沒有看到它？
我一下子變成了個圓鐵桶，這就是時尚的代價啊。
我放棄了神賦予我的腰，一切都是為了美啊！
它就這樣不見了，我的奶酪餅乾、糕點繼而果凍便從此沒有了家。
理智的頭腦你回來吧，否則我再也不會見到它。
只有它回到身體和腿的中間，我才會忘記傷心、笑開花。
從甚麼時候起，美麗讓女人變得愚蠢又虛假？

18世紀末爆發法國大革命以後，人們為了表達對希臘式自由民主精神的嚮往，連女裝也向希臘風格靠攏。帝政時期，拿破崙對古羅馬的推崇使得女裝向直綫形發展。這個階段的女人們短暫性地擺脫了緊身胸衣的枷鎖。

關於19世紀的緊身胸衣在人們生活中扮演的角色，瓦萊麗·斯蒂爾在她的《內衣，一部文化史》這本書中描述到："緊身內衣還是許多風趣和色情印刷品的主題，因為在19世紀的很長一段時間裡，除了高雅藝術外，描繪裸體女子是違法的行為。而緊身內衣不僅起到了替代人體的作用，它還是裸體和性愛的象徵。"

1810年前後，隨着拿破崙宮廷對華麗式樣和內衣的重視和推崇，緊身胸

47 ／身着白色女士長裙的年輕女人肖像／18世紀末，新古典主義風格的內衣，簡約而隨性，強調褶紋的裝飾性。

衣風潮再一次回歸。與以往不同的是，此時興起的緊身胸衣不再用鯨鬚嵌入塑形，而是將多層斜紋棉布細密地縫合在一起，或者在亞麻布上塗膠，做成長至臀部的緊身胸衣，能夠有效地將腰腹部勒緊、壓平。在豐滿的胸部或臀部，製作上採用插入三角形襯布的立體裁剪方法，使緊身胸衣更為合身，也能更好地托起胸部。這種新型的緊身胸衣在穿着時在背部用繩子縶緊。

19世紀至20世紀的西方，緊身胸衣也隨着歷史舞台上不斷更替的時代角色而發生變化。1825年至1850年，浪漫主義時期最能體現服裝變化的就是非活動性的女裝。1822年，女裝腰綫已經開始從高腰位置逐漸下降，直至1830年回落到正常腰綫位置。另外，腰部開始被縮小，與此對應的是袖根的戲劇化膨大和裙形的誇張外擴，"X"造型成為女裝上美的象徵。為了突出女性纖細的腰肢，緊身胸衣"苛爾賽特"（corset），成為必不可少的整形工具。苛爾賽特大多在背後開口，若是前開，便使用掛口進行扣合。為強調視覺上細腰效果的前中心銳角部分的裝飾綫又回歸到緊身胸衣上。這時，不僅女人們愛細腰，男人們也同樣利用緊身胸衣來塑造自己纖細的腰身。這一塑形工具和腰腹部呈銳角的審美一直延續到1850年至1870年的新洛可可時代。

1870年至1890年是內衣的巴斯爾時代，17世紀末和18世紀初出現過的臀墊——巴斯爾（bustle）又一次在女裝中流行開來。為了與後翹的臀部相呼應，就需要用緊身胸衣把胸部托起。為了達到更優美的"S"形曲綫，強調前凸後翹，還需要用緊身胸衣將腹部壓平。這種竭力追求完美的"S"形的熱潮，甚至讓後來的服裝界將90年代稱作"'S'形時代"。"S"形時代，要使得側面看起來有完美的"S"曲綫（圖48），緊身胸衣起着不可忽視的作用，當然，工藝製作的新技術也推動了緊身胸衣的不斷發展和進步。19世紀70年代前後到20世紀初，緊身胸衣的製作方法大致分為兩種：一種是在胸臀部加入三角形襯布的方法，這種方法可以更好地包裹和突出豐滿的乳房和渾圓的臀部；另外一種方法是通過若干形狀不一的布片，縱向拼合成符合人體曲綫的胸衣。1860年末，蒸汽定型法用於緊身胸衣的製作，即先把胸衣做好，然

48 ／插畫（摹本）／19世紀初 "S" 形時代的女裝，上穿緊身胸衣將腹部壓平，突出胸部，下身則在臀部墊上很厚的裙襯，強調前凸後翹的身材。

後整個塗上糨糊，再放進金屬模子中用蒸汽定型。到了 1870 年代，人們發明出一種前襟開合的緊身胸衣，法國人稱 "buscenpoire"。20 世紀，嘎歇·薩羅特夫人（Madame GachesSarraute）發明了所謂的 "衛生型緊身胸衣"，這種緊身胸衣前面有金屬條或鯨鬚嵌入，目的是為了塑造平直的小腹。這種緊身胸衣上部開口非常低，使女性被擠壓的豐滿乳房呼之欲出，這樣的結構是通過布的縱向拼接實現的。

到了 1890 年至 1900 年間，人們才開始廣泛認同由醫生們所不斷提醒的緊身胸衣對身體的危害，主張健康、實用的着裝理念。這種呼喚改革緊身胸衣的浪潮，在當時被稱之為 "反時裝運動"（anti-fashion campaign）：

"The corest was a danger to health. This is true of all corests, but the one which produced the sway-back carriage gave rise to vociferous demands for its replacement by something more healthy and practical, and this in turn led to a movement for reform called the 'anti-fashion campaign'."
(Henny H.Hansen, *Costume Cavalcade*)

從 20 世紀初乳罩的誕生，到第一次世界大戰爆發，男人們奔赴前綫或戰死沙場，女人們不得不參與到社會工作當中去。為了方便活動和幹活，束縛身體的傳統女裝被徹底摒棄，取而代之的是強調機能性和實用性的服裝，緊身胸衣再也不是女人們的選擇了。雖然在一戰後，緊身胸衣曾短暫地復興了一段時間，但是隨着現代機能主義、實用主義等一系列思想變革和左派思想的蓬勃發展，緊身胸衣還是被乳罩所取代。

就內衣的中性化及簡約主義而言，20 世紀 80 年代起，以卡爾文·克萊恩（Calvin Klein）為代表的美國設計師，開始以特有的美國式自由精神所創立的服飾改革，衝擊了西方內衣幾百年"表現身體"的傳統觀念，通過自然樸素、舒適、中性的設計理念在純粹的極簡主義中表現出來。他在 1982 年間推出的一系列女士內衣設計，以白、灰、褐等中性色系，拋棄傳統的配色方式，款式結構上主張"less is more"（少即是多），不願將女性身體看成是一種裝飾與異性的附庸，而是通過中性化的簡約設計，既適應快節奏的生活，又體現實際、自信、忙碌的創造精神：

"從一開始，'Calvin Klein'便具有自己的顧客定位——為那些工作的女性，而不是無所事事為打扮和宴會而生活的貴婦們服務。它拋棄了時裝中過分的誇耀、嬌柔的色彩和造作的形式，開創了具有美國程式的着裝新外觀：寬鬆的絲製襯衫、外套和長褲，赤腳穿着平底的鞋。這種簡單化的形式尋求新的變化和時尚，穿上它的女士們可以自由地適應不同場合：從辦公室到雞尾酒會，從日常公務到商務旅行。這種代表着現代生活方式的簡約主義給女性帶來新的流行風範。"（趙化《女人華衣》）

自 20 世紀始從文胸到比基尼，從比基尼到中性內衣的革命，所呈現出來的機能主義與對身體解放，除強調自由舒適的理念之外，其中有一點不可忽視，就是彈性新材料與斜裁工藝的問世為它提供了物質與工藝保證。這種設計理念與材料運用一直沿革至今：

"As new building materials have given rise to new building techiques, so within the last thirty years new fabrics have been produced to the demand for simple, 'functional' clothes.

At the turn of the century it was often said that everyday dress should resemble tighis in allowing freedom of movement while being neither too consticted nor too heavy. The present period uses for this purpose rubber and elastic（彈性）, material cut on the cross（斜裁）, and knitted fabrics. Women's clothes are both close-fitting and elastic; they allow unresticted movement while at the same time clinging to the lines of the body." (Henny H.Hansen,*Costume Cavalcade*)

20 世紀末的 90 年代，由於新材料與新技術而得到改進的緊身胸衣也再次流行，乳罩變得像外衣那樣，不再是樸實與掩蓋的功能，而是具有豐富色彩與圖案裝飾的處理。"有的婦女將乳罩作為樸實或外衣的一部分，用新材料做成的內衣給人傳達的不再是'低賤'的印象，而是奢侈及享受的形象"（休謨《ELLE》1992 年 4 月版）。"內衣外穿"成為一種時尚，只是在臥室裡和親人面前才能顯示的內衣，開始走向公共空間，也為公開的色情表現與性感營造充當了載體。在西方文化中，一整套通過內衣的變化反映出來的道德觀與身體規則受到挑戰（圖 49、圖 50）。

49　／女士內衣／現代的女士內衣不再壓迫身體，改為調節體形，對胸部有托舉
作用。

50　／復古風格的緊身胸衣／結合東方元素的緊身胸衣設計，為中西合璧的風格。

Part 3

第三部分

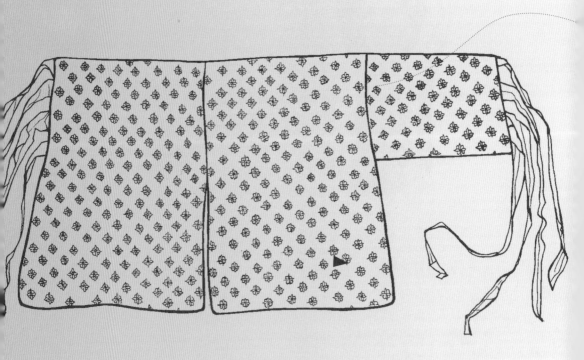

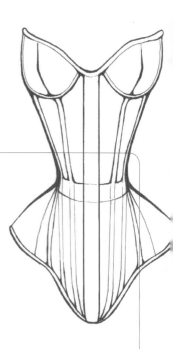

中國內衣：隱喻式情色

中國內衣中的情色表達含蓄而內斂，受社會制度與宗法的限制，總是以一種隱喻的方式來呈現。古代閨閣女性在內衣創造中的才情表達，都是悄悄、默默、含蓄地在自己翻閱，品味過程中的真情流露與搖曳美麗的境界。它不像外衣創造那樣重在對品第與服飾制度的結構評定，而更側重於對其中"情"的闡揚與表現。作為女性心理比男性更重感情，也更細膩，身為女性，不由會將自己的心理與情感同化，滲透到內衣的創造中去（圖51）。對於女性而言，愛情是生命中最美麗和最令人嚮往的，幾乎可以成其生命的全部內容，尤其在古代（圖52）。所以對"情"的追求和看重是女性心靈中的一致之處，如同黑格爾所說："愛情在女子身上顯得最美，因為女子把全部精神生活和現實生活都集中於愛情和推廣成為愛情。她只有在愛情裡才找到生命的支持力。如果她在愛情方面遭遇不幸，她就像一道光焰，被一陣狂風吹熄掉。"

　　情色，是人的自然天性，《禮記·禮運》即謂"飲食男女，人之大慾存焉"。馬克思說："情慾是人強烈追求自己的對象的本質力量"，"男女之間的關係是人與人之間的直接的，自然的，必然的關係"。由此可見，對異性的追求包括着對情慾追求的這一本質力量，對"情"的追求是和對"色"的追求緊緊結合在一起的。自以壓迫為特徵的階級社會以來，無論在東方還是西方，都開始如臨大敵般把人類自身的情慾作為"惡之花"加以詆毀和禁止。而且，對於女性情慾的約束甚於男性。在中國古代封建社會，就有打着所謂"禮法"旗號而對女性作出的種種約束規範，如"女子十年（歲）不出"——十歲以後不許出門，"女子出門必擁蔽其面"。而且還有專門為女子遵守封建行為規範而制定的一些清規戒律之明文。漢代的班昭身為女性，為維護封建統治作有《女誡》一書，認為"《禮》，夫有再娶之義，婦無二適之文，故曰夫者天也"。到了明代，在奉程朱理學為官方統治思想的重壓下，女性受着更為嚴厲的束縛。明代對女性的文訓禁令之多，貞女烈婦之多前所未有，出現了一些《女鑒》、《女苑》、《女訓》、《女教經》、《女四書》之類"女教之書"。然而，明中葉以後，王陽明心學的興起，傳承了程顥和陸九淵的心學傳統，進

51 ／肚兜／清晚期，平紋布地肚兜。上端如意形"長命鎖"表達家長對孩童長命
百歲的期盼，祈求子孫健康成長，吉祥如意。

52 ／肚兜／以夫妻相敬如賓的畫面紋樣，寓意幸福美滿的婚姻生活。

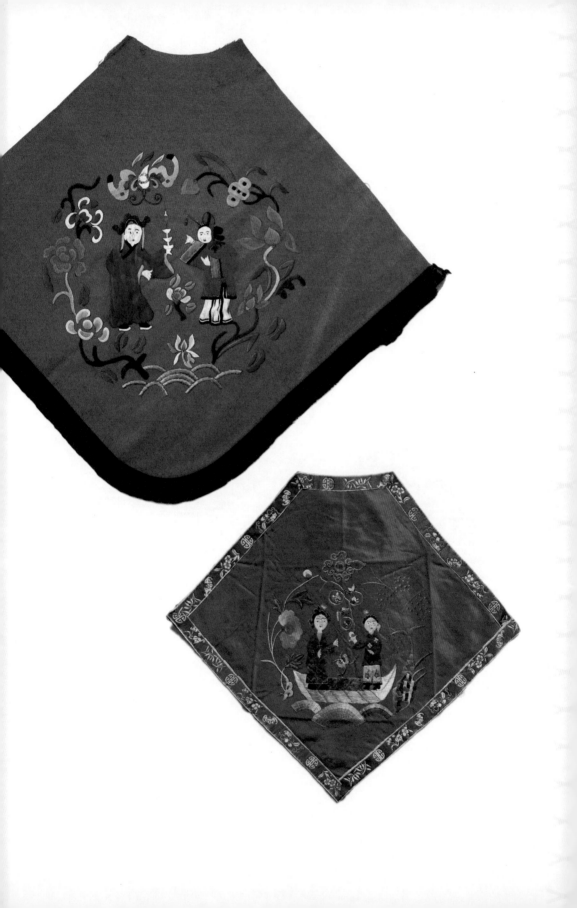

53 ／肚兜／清晚期肚兜。以一對傳情男女、蝶與花的畫面來表達對美好愛情的
嚮往。

54 ／肚兜／蝴蝶於人物和花朵之間上下翻飛，配以小船流水的畫面，表達對浪漫
愛情的追求。

55 ／肚兜／清晚期，菱形紅綢地肚兜。借 "斷橋" 故事來歌頌浪漫動人的傳奇
愛情。

56 ／肚兜／以 "鵲橋相會" 傳說為紋樣表達對婉轉纏綿愛情的歌頌。

一步批判了朱熹"去心外求理、求外事外物之合天理與至善"的修養方法，認為"所謂致知格物者，致吾心之良知與事事物物也"。（王陽明《傳習錄》）在這種新的心學思想下，生活中對個體、情色、私慾的重視和宣揚也掀起了反叛的浪潮，對情慾又有了寬容放縱的社會氛圍。在這樣寬容的氛圍裡，女性的情色之慾、女性的人性自由、女性長期以來在感情婚姻情色方面所受到的不平等的社會待遇得以改善。具有進步思想的人們也開始為此發出了不平的呼聲，如《二刻拍案驚奇》中作者借主人公之口言："天下事有好多不平所在！假如男人死了，女人再嫁，便是失了節，玷了名，污了身子，是個行不得的事，萬口訾議；及至男人喪了妻，卻又憑他續弦再娶，置妾買婢，作出若干勾當，把死的丟在腦後，不想起了，並沒有人道他薄幸負心做一場說話。就是生前房室之中，女人少有外情，便是老大的醜事，人世羞言；及至男人家撇了妻子，貪淫好色，宿娼養妓，無所不為，總有議論不是的，不為十分大害。所以女子愈加可憐，男子愈加放肆。"在這樣整體社會意識都有了一定的覺醒，對女性情色意識的張揚也有了一定的理解的大氛圍裡，《牡丹亭》中杜麗娘的"情"與"色"意識的覺醒、萌芽也是自然而然的，並且是具有時代進步意義的。而在這樣張揚情、慾的時代思潮中以杜麗娘為代表的女子對"情"的追求也必然是包括着對"色"的愛慕以及對異性之情，對美好良緣的追求當然也會包含着對"色"的愛慕，"情"與"色"是緊緊相聯的（圖53、圖54）。

一 祈盼良緣

在封建社會的環境下，男女不可能有長期接觸生情的機會，只有靠父母之命、媒妁之言，或是寄望於偶遇，只能在夢中見到自己的夢中情人。為了這份似乎虛幻的感情，有的女性甚至付出了生命。試問哪個女孩子沒有心中的白馬王子，哪個女孩子沒有對愛情的幻想。正如《牡丹亭》中的杜麗娘可以在夢中與自己渴求並能夠欣賞自己美色的書生見面相愛，哪怕付出生命，卻又死而復生，最終與這位夢中人團聚。似乎是杜麗娘的不幸，卻又是杜麗娘的大幸。在封建時代，很多女孩子面臨這樣的困境，她們不能自由地和青年男性交往，如杜麗娘那樣的經歷雖然是"理之所必無"，卻又是"情之所必有"。閱讀杜麗娘，她的奇跡般的經歷，真正為"傳奇"，正讓情感不得志的女性讀了在情感的宣泄與共鳴中找到安慰和寄託。正如《才子牡丹亭》批曰：嬌慧女郎心中無不有一"人數"。"想幽夢誰邊"是全書眼句。聰明人必靠"想"度日，想中幻設，必有一等世界，一等部署，一等眷屬。事過與"想"過，其迅疾變滅，曾無少異。玉茗曰："吾聞情多想少，流入非類。吾情多矣，'想'亦不少，非蓮社莫吾與歸矣。"所以內衣中的"鵲橋會"、"牡丹亭"等素材裝飾肚兜大量出現（圖55、圖56）。

二 生殖與性愛

古人說："食、色，性也"，"飲食、男女，人之大慾存焉"。在漫長的封建社會，社會對女性性、情的禁錮使婦女將性愛看作生育繁殖的途徑而淡化兩性愉悅的價值，所謂性是"為後也，非為色也"，由此中國女性因性、情而喜，因性、情而悲，因性、情而怒，因性、情而活，因性、情而殉葬的事例舉不勝舉。內衣藝術作為女性生活態度、生命理想、情感的寄託，在其造物表現中同樣傳達着對性、情、愛的價值姿態，以一種主題化、圖騰化的語言形式來對性、情、愛進行崇拜與物象對應的觀照。手中"針綫活"傳達了中

華文化中生殖（生育）崇拜、性愛功利、情愛姿態等豐富的生殖與性愛內容，體現了中國女性突破傳統禮制的性、情與婚戀觀念，抗拒禁慾主義的束縛而追求浪漫的情愛寄託（圖57）。

對中國古代女性來說，生殖的需求幾乎是壓倒一切的需求。她們的基本生存觀念，一是生存，二是繁衍。而在成婚之後，後者的重要性似乎超過了前者。"不孝有三，無後為大"，如果沒有子嗣，"無以事宗廟"，那可是死後都無面去見列祖列宗的。內衣藝術對生殖崇拜的表達，也是以物象圖騰來觀照對應而達到寄寓，例如"百子圖"以及類似的圖形，就是崇拜"廣斷嗣"的生殖價值，子女越多越好（圖58），"周文王生百子"，"郭子儀七子八婿團圓"，都被女性視為祥瑞多福之兆。

古人對女子不孕而"斷了香火"的憂慮很看重，所以內衣藝術常借"送子觀音"來體現生殖崇拜。清·趙翼《陔餘叢考》："許洄妻孫氏臨產，危苦萬狀，默禱充觀世音，恍惚見白氅抱一金色水龍與之，遂生男。"也有對傳說"麒麟送子"的神話崇拜，麒麟是"積善人家"的神獸，如無子裔，它會駝一個孩子給他們。生殖崇拜中的"求子"理念在內衣藝術中還有許多表達，如用"早生貴子"、"四喜人"、"三多"等圖騰來反映（圖59、圖60）。

內衣藝術中的生殖崇拜以魚與蓮圖騰表達最具特徵。魚、蓮在民間為婦陰的象徵物，魚的口唇宛如女子的兩片大陰唇，中間還有孔縫且魚的繁殖力也很強（圖61）。蓮（蓮花）也是女陰的隱喻之物。《金剛經》："金剛部入蓮

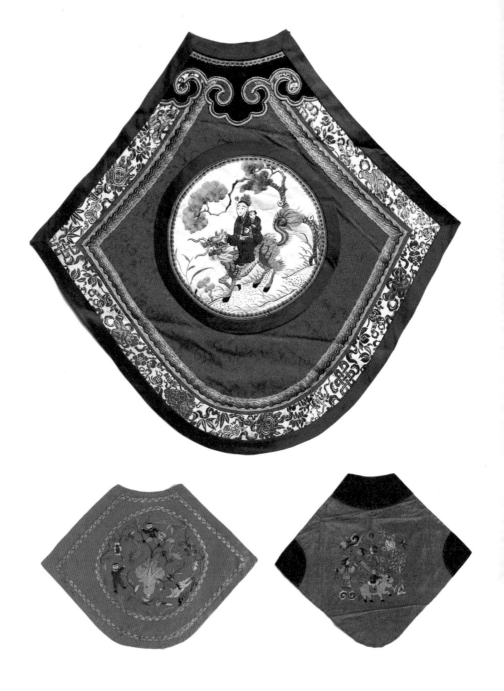

57 ／春宮圖（摹本）／春宮圖中，肚兜是最常見的內衣形態。

58 ／肚兜／"百子圖"表達對子孫興旺的期望。"白菜"寓意"百財"，藉此表達
對子孫富貴的美好祝願。

59 ／肚兜／清中期，貼布繡紅緞肚兜。借"麒麟送子"的神話傳説，祈禱香火延
續，早生貴子。

60 ／肚兜／以"麒麟送子"的美好祈願，表達對生殖的崇拜，也是中國古代女性
生命價值理想的一部分。

花部，乃大樂事。"其中"金剛部"指男根，"蓮花部"指女陰。至今陝北民諺民歌中也有直言不諱點明這個隱喻物的內容。《黃陵民諺》："魚兒戲蓮花，夫妻兩個沒麻瘩"（圖62、圖63）。《安塞民諺》："人人兒踩蓮花，兩品兒好緣法。"《延安民歌》："臘月裡來貼對子，黑格悠悠睡下一對子，荷葉開花兩扇扇，哥哥摟定個二妹子。"內衣藝術圍繞着魚、蓮這對象徵女陰符號的造型，以及變體出與魚、蓮相關的圖騰理念，均是女性借生殖崇拜觀念來表達對生命繁衍不息的寄託（圖64、圖65）。根據史料記載，中國女性在性愛時，除了裸身之外，抹胸是一種最常用的貼身裝束，它與下身的長褲及腿套構成一個裝束系統，正如荷蘭漢學家高佩羅先生所言："她們的貼身內衣似乎是抹胸，即一種寬大的乳罩，在前面扣住活用，四根角上的帶子繫在背部。色情木刻表明，婦女性交時若不完全裸體，那麼唯一穿在身上的便是腿套和抹胸（圖66、圖67）。仇英為《列女傳》所作的插圖之一，畫的是一些正在脫衣的婦女。我們注意到長褲是用一根帶子繫在腰部，小腿則穿過腿套，此外還有她們的乳罩。"

三　秘戲圖文

　　中國內衣藝術以圖騰語彙來作為性愛主題表現的平台，主要途徑是以"春宮圖"為摹繡對象。春宮圖也稱"秘戲圖"、"女兒圖"。"秘"是指男女性行為的私密性，"戲"體現為男女交合之歡愉（圖68）。春宮圖是典型的性文化崇拜，古人曾經形容性行為是一種"欲仙欲死"、"飛騰精魄"的人生樂趣。《佛說秘密相經》中也有對男女性事的描述：

61 ／胸衣／清晚期，半背式胸衣。米色三多緞繡以石榴、蓮花、魚等，表達生殖崇拜。結構上前身長後身短，前身長掩腹，後身短露腰；前身下擺平以應地，後身下擺圓以應天。

62 ／胸衣／以"魚兒戲蓮花"寓意夫妻生活的美好和諧。

63 ／胸衣／繡以魚、蓮花，表達對快樂美好夫妻生活的期盼。

64 ／胸衣（局部）／用孩童、蓮花紋樣來表達對生命繁衍的崇敬。

65 ／胸衣／借蓮花與孩童的圖騰寓意延續生命，表達生殖崇拜的理念。

66 ／春宮圖／描繪性愛場面的圖樣中，女性穿有抹胸樣式的貼身內衣和腿套。

67 ／春宮圖／圖畫中描繪的性愛場面中，女性多穿有肚兜和腿套。

68 ／春宮圖（摹本）／"女兒圖"中女性形態的裝束以肚兜為主，配以腿套與三寸金蓮。

作是觀想時，即同一體性自身金剛杵，住於蓮華上而作敬愛事。作是敬愛時，得成無上佛菩提果。當知彼金剛部大菩薩入蓮華部中，要如來部而作敬愛。作是法時得妙快，樂無滅無盡……汝今當知彼金剛杵在蓮華上者，為欲利樂廣大饒益，施作諸佛最勝事業。是故於彼清淨蓮花之中，而金剛杵住於其上，乃入彼中，發起金剛真實持誦，然後金剛及彼蓮華二事相擊，成就二種清淨乳相。

經文中的"金剛杵"象徵男根，"蓮華（蓮花）"象徵女陰，金剛入蓮花就是男女性交，"作法時得妙快，樂無滅無盡"是對性事的正面歌頌，有着性交崇拜的寓意。

將記述性事的春宮式圖騰引用於內衣中，更着重於對性的啟迪，尤其對新婚夫婦（圖69）。新婚之夜，私密空間與床笫之間，女子將娘家"壓箱底"的出嫁物取出給夫君看，其中會有母親事先為女兒悄悄準備好的繡有不同性交姿態的內衣品肚兜（或"春宮圖"），以便女兒在洞房花燭夜能循圖文（紋）示範來與夫君行交合之歡。《紅樓夢》第七十三回寫道："傻大姐"在山石背後拾到一隻春宮荷包，荷包內層繡有"春宮圖"紋樣，上面是兩個赤條條的人盤踞相抱。這癡丫頭不知此是春意，心中盤算："敢是兩個妖精打架？不然必是兩口子相打。"這個春宮荷包後引發了抄檢大觀園事件。內衣上也常以秘戲圖文來寓意"男欲求女，女欲求男，情意合同，俱有悅心"（《素女經》）的本能慾念。

69 ／肚兜／春宮式圖騰引用於內衣，着重於性教育的啟迪。被稱之為"壓箱底"的物件，以利新婚之夜所用。

四 情愛寄託

　　與生殖崇拜、秘戲圖文相比，內衣藝術上以浪漫、傳奇而具有文學性、傳奇性、典故性的情愛表達，顯得更為含蓄而富有遐想，對情愛的渴求更具理想化的人文色彩。

　　"蝶戀花"。本來是詞調名稱，屬唐代教坊曲，原名《鵲踏枝》，因宋代晏殊詞而改名至今。內衣裝飾上借其對男女情愛的比喻而生動立意。五代詞人張泌《蝴蝶兒》："蝴蝶兒，晚春時。阿嬌初着淡黃衣。當窗學畫伊。還似花間見，雙雙對對飛。無端和淚拭燕脂。惹教雙翅垂。"明代詩人楊升庵詩："漆園仙夢到綃官，栩栩輕煙嫋嫋風。九曲金針穿不得，瑤華光碎月明中。"清代詩人沙琛《蝴蝶泉》："迷離蝶樹千蝴蝶，銜尾如纓拂翠湉。不到蝶泉誰肯信，幢影幡蓋蝶莊嚴。"一系列讚歎彩蝶煥然奇麗、纏花飛舞的詩文，浪漫而形象地對應女性心中對男女情愛的理想比擬（圖70、圖71）。

　　"人面桃花"。桃花在內衣藝術中被借用為青春、愛情、婚姻的寫意象徵。據載唐人崔護赴長安考進士落第後，獨遊郊外而遇一嬌柔美艷的女子，翌年追憶往事，情不可遏，又往探訪，唯見桃花景象如舊，卻門上多掛了一把鎖，空不見人，他悵惘之餘揮筆詩於門扉：

　　去年今日此門中，人面桃花相映紅。
　　人面不知何處去？桃花依舊笑春風。

　　回想起去年此時，正是春風駘蕩桃花盛開，那個姑娘就倚在桃樹下，人面花光、互相輝映……（圖72）內衣藝術借桃花題材來"以花擬美人"，將景色與人物融合而為一。唐·白敏《桃花》："佔斷春光是此花。"《周禮》："仲春令會男女，奔者不禁。"《詩經·周南》："桃之夭夭，灼灼其華。之子於歸，

70 ／肚兜／五彩繡 "蝶戀花" 表現女性對浪漫、美好愛情的寄寓。

71 ／肚兜／美妙纏綿的 "蝶戀花" 圖騰是女性心中對男女情愛的理想比擬。

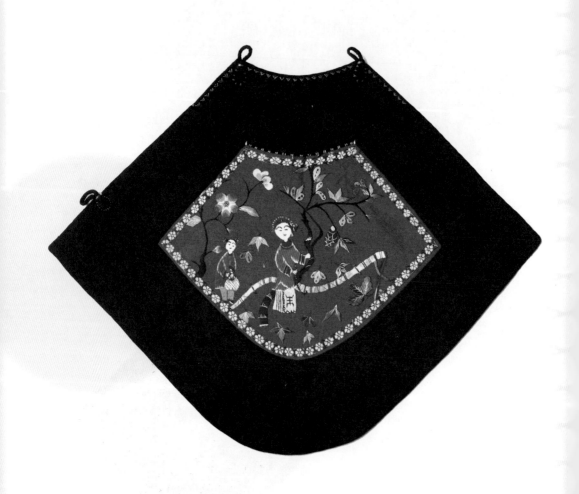

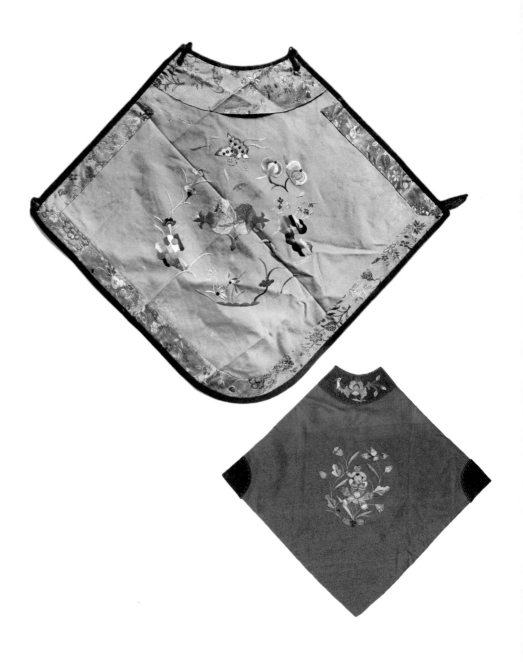

72 ／肚兜／"人面桃花相映紅"，以花擬美人，表達 "處處春芳動，春情處處多"
的情感祈托。

73 ／肚兜／以石榴、藕等圖騰來寓意男女間美好的情愛以及期盼子孫的興旺。

74 ／肚兜／用蓮、藕、孩童等紋樣表達對纏綿愛情、子孫興旺等美好生活的寄寓。

宜其室家。"桃花既為春的象徵，又為愛情與婚姻的比擬，內衣藝術中所表現的艷麗桃花為借景移情，轉為"處處春芳動，春情處處多"的情感祈托。

"憐、偶、思"。"憐"、"偶"、"思"來自對蓮花的諧音假借。"憐"與"蓮"、"偶"與"藕"、"思"與"絲"三者諧音。內衣藝術藉此來表達對男女間情愛的寄寓。皇甫松《采蓮子》："船動湖光灩灩秋，貪看年少信船流。無端隔水拋蓮子，遙被人知半日羞。"李珣《南鄉子》："乘彩舫，過蓮塘，棹歌驚起睡鴛鴦。遊女帶香偎伴笑，爭窈窕，競折團荷遮晚照。"歐陽修《蝶戀花》："越女采蓮秋水畔。窄袖輕羅，暗露雙金釧，照影摘花花似面。芳心只共絲爭亂。"作為內衣品的床帳，常以此圖騰來隱喻男女主人雙宿雙飛、恩恩愛愛（圖73、圖74）。

"牛郎織女"。牛郎織女是先民將自己的想像、風俗、情慾帶進理想王國的寄寓。牛郎、織女，古來就稱為"雙星"，一在"天河之西，有星煌煌"，一在"天河之東，有星微微"。二星隔河相凝望，到農曆七月七，二星相近，會於鵲橋，婦女們藉此時機向織女乞求內衣智巧。《乞巧歌》："乞手巧，乞容貌；乞心通，乞顏容；乞我爹娘千百歲，乞我姊妹千萬年。""七巧"由此而得名。內衣寄寓着女性對織女星的崇敬，例如肚兜上常常繡有"柔情似水，佳期如夢，忍顧鵲橋歸路"的字樣，寄託着情愛與對自由的嚮往。儘管現實生活的禮法制度不許私自相戀，但男女之間的男歡女愛、心心相印的浪漫情思無法掩抑與扼制。《內衣餘志》："暮閨翹首覺添，鑿壁書生隔翠煙。獨向嫦娥再三拜，殷勤為我到郎邊。"（圖75、圖76）

"斷橋"。斷橋源自傳說許仙與白娘子相識杭州西湖，在斷橋上二人同舟歸城，借傘定情。白娘子溫柔婉約、賢良淑德（雖是蛇精化身），對人類的愛情充滿幻想，寧願下凡到人間也不願再做天仙。許仙是翩翩少年郎，相貌堂堂，舉止優雅，談吐大方，既重感情又富同情心，對白娘子百般呵護，體貼入微。雙雙演繹出一曲婉轉纏綿、動人心肺的傳奇愛情。內衣藝術藉此引證，體現着女子對真情實感的摯愛嚮往與祈求以及對傳統婚戀"男女無媒不

75 ／肚兜／借用“牛郎織女”的神話來歌頌堅貞專一的永恆愛情。

76 ／肚兜／以“鵲橋會”故事來表達對自由愛戀和恆久情感的追求。

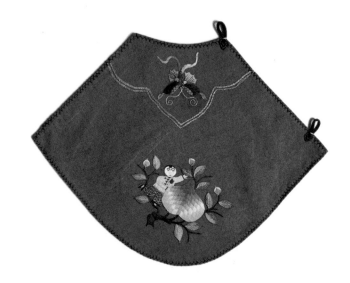

77 ／肚兜／"斷橋"圖騰體現女子對真情實感的摯愛的嚮往與祈求。

78 ／肚兜／"一妻多妾"的圖騰表達了中國古代社會的婚姻價值觀。

79 ／肚兜／古人認為桃與生殖之間有密切關係。繡以孩童，進一步表達對生殖的崇拜。

80 ／肚兜／納梢處（左右兩側的裝飾）的梅花是生殖的象徵，與"一夫多妻"的圖騰紋樣共同表達對子孫興旺的期盼。

81 ／肚兜／石榴圖騰表達生殖崇拜，寓意多子多孫。

交"的無聲抗訴（圖77）。

　　"一妻多妾"。一妻多妾是內衣藝術中女性對男權社會婚姻制度的一種認同，體現女性對有造化、有身價、有地位男子的崇敬與愛慕。古代社會一夫一妻制的婚姻模式中，女子處於從屬地位。《孔子家語》："女子者，順男子之教而長其理者也。"在男權社會中，一夫一妻制實際上是"一夫一妻多妾制"，也就是說一個妻子只能有一個丈夫，而丈夫則可以擁有許多女妾。《禮記·郊特性》："男先乎女，剛柔之義也；天先乎地，君先乎臣。"內衣品的圖騰中男性位於中央，四周妻妾相擁，形象地表述着女性對丈夫因妻妾成群而光宗耀祖的認同，愛蘊藏在一種寬宏大度並富有犧牲精神的寄託之中（圖78）。

　　中國內衣中的情色與性意味不像西方內衣那樣表現得純粹與直率，它們通常以圖騰來表達它的情色價值，例如古代把桃視為女性生殖器的象徵（圖79）。王母娘娘在西天種的桃樹上長有仙桃。人們也認為桃木和生殖之間有密切的關係，因而相信它有驅邪的能力。把贖罪的字句刻在桃木做成的書板上，新年伊始掛在大門口，後來的門神便起源於此。門神有兩個專門吞吃魔鬼，他們的形象一直被貼在中國房屋的大門上。另外梅也是生殖和創造力的一種象徵，因為一到春天，它多節而似乎乾枯的樹枝又開出了花朵，從而令人想到它在嚴冬之後復生的生命力（圖80）。內衣上常見繡有梅花的圖案。除桃之外，還有一種瓜果常被比作外陰，這就是石榴，它也有繁殖的意思。兩種含義都來自包裹種子的紅色果肉，因為它能引起人的某種聯想（圖81）。（高佩羅《中國艷情》P327）可見，這些桃、梅、石榴圖騰在內衣上的大量運用，不僅是修飾的美化功能，還潛藏着生殖與性的暗示及聯想。

　　肚兜中的八卦紋樣與太極紋樣，分別以虛綫與實綫及黑白陰陽來表示男性與女性。八卦中完整的實綫表示陽性和男性的力量，虛綫代表陰性和女性的力量。太極的陰陽以右邊為陽，其中黑斑表示它所含陰的胚胎，左邊是陰，其中的白斑表示它所含陽的胚胎。八卦與太極是一種對男女性關係為宇宙生活一部分的理解。《易經》強調指出，性關係是宇宙生活的基礎，宇宙生活是宇宙力陰與陽的一種表現。在《易經》第一部分第五節中指出："一陰一陽之謂道，生生之謂易"。（徐志銳《周易大傳新注》）象徵性結合的八卦還有"坎"、"離"之分，"坎"代表"水"、"雲"、"女人"，"離"代表"火"、"光"、"男人"，這種組合表現男女互相補充的完整和諧，相互交替如同天地在暴風雨時的交合，也就是文學中男女性愛之事的"雲雨"表述的來源。象徵性結合的陰陽太極晚於八卦的出現，也體現國人對"每個男人自身都含有一種強弱程度不等的女性成份，而每個女人則含有發展程度不同的男性成份"（高羅佩《中國艷情》）的兩性心理現實的理解。

倒三角紋樣也是肚兜圖騰中對性的承襲式表現。根據新疆吐魯番洋海古墓群發掘的文物顯示，早在 3000 年前，人們對三角形紋樣的運用就極為普及，從彩陶文化直至內衣上最常用的邊緣飾紋，倒三角形紋樣被視為"女性外陰的形象符號，從遠古姓氏圖騰到彩陶文化，三角形圖騰用來表達生命祈求，並廣義於對'豐產'的托福"（呂恩國《吐魯番史前考史的新進展》）。

五　娼妓職業裝束

中國內衣還為娼妓這個特殊行業的女性提供了一種裝飾性符號來增加其售賣身體中的可視化效果。古代娼女起源於音樂，"優"和"倡"不分，到了唐朝，"倡"變化成"娼"。趙璘《因話錄》說："陳嬌如，京師名娼。"組建近代式的娼妓實始於唐。而且唐以後娼妓俱以女性為大宗了。《說文解字》中說："妓，婦人小物也。"與妓女意義毫不相干。後代用為女妓之稱，實如魏晉六朝，為後起之義。《華嚴經·音義》上引《埤蒼》說："妓，美女也。"又引《切韻》說："妓，女樂也。"所以六朝人著書均以妓為美女專稱。

聲妓繁盛，娼妓化妝技術與內衣裝束的強調，均推唐代。《西神脞說》說：“婦人勻面，古唯施朱敷粉，至六朝乃兼尚黃。”唐代女子及娼妓裝飾，大要亦不外乎此。《東南記聞》說：“宣和之季京師士庶，竟以鵝黃為腰腹圍，謂之‘要上黃’。婦女便服不施衿紐，束身短制，謂之‘不制衿’，始自宮掖，而通國皆服之。”關於娼妓樂人服色之特別規定，《元典章》說：“至元五年中書省台，娼妓穿皂衫，戴角巾兒，娼妓家長並親屬男子，裹青頭巾。”《新元史·輿服志》說：“仁宗延佑元年定服色等第詔：娼家出人，只服皂褙子，不得乘坐車馬。”《太和正音譜》說：“趙子昂曰娼婦所作詞，曰綠巾詞。”《明史·輿服志》說：“教坊司冠服，洪武三年定。教坊司樂藝青‘卍’字頂巾，繫紅綟搭專，樂妓明角冠皂褙子，不許與民妻同……教坊司伶人常服綠色巾，以別士庶之服。”劉辰《國初事跡》說：“太祖立富家樂院於乾道橋，男子令戴綠巾，腰繫紅搭於，足穿帶毛豬皮靴。不許於道中走，只於道邊左右行。或令作匠穿甲，妓婦戴皂冠，身穿皂褙子，出入不許穿華麗衣服。”

到了清代，娼妓裝束以江南樣式為主，追求淡妝素抹，《海陬冶遊錄》說：“以青樓之趨向為雅俗。滬城之妓，皆從吳門來，故大半取吳為式。其時下妓多呼縫人，授以新樣，備諸組織，窮極巧靡。若其淡妝素抹，神韻獨絕者，當別具隻眼物色之……”芬利它行者《竹西花事小錄》說：“曲中裝束，盡效蘇台。金泥裙帶，翠袖，芙蓉，模仿未必全工。而規模亦已粗具……”《秦淮感舊集》說：“三五年來……每見秦淮名妓，最著者不施粉黛，淡掃蛾眉，或效女學生裝束，居然大家。是以胡海濱朋，烏衣子弟，靡不目眩神迷，逢迎恐後，情長氣短，沉溺日深。”至上海娼妓衣服之別裁，尤駭人耳目。清季每逢秋賽，遊客如雲，爭相誇美，皆鮮衣盛服，鬥艷於十里洋場中。尤其流行大紅緞織金衣，鑲以珠邊，力求光彩四射，於是各妓爭相仿效，競尚濃艷。足見內衣與妓女的職業裝束很有關係。

中國近代隨着通商口岸的開闢，鐵路的興建，商業的繁盛，軍隊的駐紮以及政治行政中心的變動等，娼妓業得以發展和繁榮。

以上海為例，妓女是分等級的。一般來說，妓女的等級是以其所在妓院的等級而定的。《滬遊記略》、《新增申江時下勝景圖說》中描述，在上海妓院中"善歌者曰書寓，較長二尤請貴焉。其來子姑蘇者最多，故聲口皆作蘇音，寧波、揚州皆能歌之。""書寓、長三、幺二三者宗名曰堂子，裝潢陳設如王侯，床榻、幾案、簾幃以外，洋鏡、藤椅及玻璃燈、時辰鐘色色皆備，以精粗為等差焉。"

　　上海的妓女有"野雞"、"鹹肉莊"、"鹹水妹"等各種名堂。"野雞"指夜間在馬路上拉客，沒有上捐的妓女。上海的四馬路、五馬路（今福州路、廣東路）的僻靜角落是她們做生意的地方。她們拉客的口頭禪是："到我們那裡去玩玩吧！"至於"鹹肉莊"裡的姑娘是不掛牌不上稅不領牌照的。這些暗中賣淫的女人不一定是窮人，有些是賭博輸了錢或想找些零用錢的小姐、姨太太。每宿三五十元不等，最低等的"鹹肉莊"每宿收費才三元。"鹹水妹"也是不掛牌的私娼，她們性服務的對象是來到上海碼頭的外輪水手和船員，也是自己去碼頭兜攬生意的。另據馬寅初的考證："上海之鹹水妹，初不知其命名之意義，後聞熟悉上海掌故之某外國人云，當外人初至上海時，目睹此輩妓女，譽之曰'handsome'，積久，遂譯音為鹹水妹云。"此時期妓女的內衣比較多樣，既有舶來品的文胸與小馬甲，也有傳統肚兜與中式小襖，內衣裝飾也開始運用西方社會的工業化花邊與貼花，不同身價與等級的妓女對內衣的選擇也各不相同。

　　在古代上等妓院中，有才華的女子才屬上等，而不是長得漂亮。權衡妓女才華除了聰明靈巧、能歌善舞及具有文學才華外，就是要掌握女紅技巧，能繪能繡，並以華美的內衣來炫耀與美化自己的身體，讓異性由"性"轉為"情"，以利最終能贖身於意中人而託付終身。"上等妓院的妓女，在社會上有公認的地位，他們的職業是合法的，沒有甚麼恥辱可言，與社會底層的娼妓相反，她們並不受到社會的歧視。宋朝時的妓女在婚禮中特別起着合法的作用。當然，所有妓女的最高理想都是被一個愛她的男人贖身。妓女按照才能分成等級。只靠長得漂亮的妓女一般都屬於最下等，她們集體住在一棟房子裡，受到嚴密的監視”。（高羅佩《中國艷情》）獨立的客廳也是妓女們對內衣等女紅品進行手工織繡以及交流技藝的場所。

Part 4

第四部分

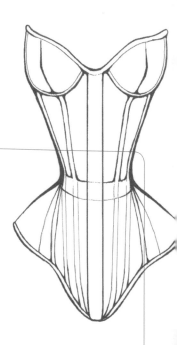

西方內衣：展露式情色

西方內衣自克里特島半裙至文藝復興興起的緊身胸衣（圖 82），直至 20 世紀的胸罩、比基尼等，通過表現、展露來使身體情色化的動機貫穿始終，也可以說內衣是一種"身體的外延"，是性愛過程中一個欲擒故縱、欲揚先抑的性暗示手段。正如西方學者彼得·布克斯在《人體藝術》中所言："內衣就是身體。身體在內衣的懷抱下有了它的形狀；內衣因為有了身體的填充而和它合二為一。"（圖 83）

內衣之所以在西方文化中被看作"包裹"的裸體，與西方文化中的裸體崇拜有關。自古希臘起裸體成為人體學科的表現形式，到了文藝復興時期，理想的肉體美已順理成章地被公認為美的最高形式（圖 84）。

一 理想的肉體美

就理想的肉體美而言，自文藝復興起，以新興階級為代表，人們提出了健康、充滿活力的一整套觀念以對抗中世紀的禁慾主義。新興的人文思想與生活理想成為一種真正現實主義的新氣象，剝去了對身體表現的神秘外衣，從天上接引到地上，首先以人為中心。對亞當和夏娃的肉慾觀念隨着人的社會存在變化也有相應的變化，人從超越塵世靈魂的工具轉化為歡樂理想的工具，自亞當與夏娃之後的"人"的第二次被發現，把人的理想宣佈為做典型性感的人，比其他任何生命都能激發異性的愛及兩性間的愛慾。西方文化中對理想肉體美的推崇由此建立。男子身體有發達的體表特徵，表示強壯、精力充沛、性機能旺盛，便被視為美男子；女子身體有母性必需的一切條件則被視為美。16 世紀法國波特在《人的體貌》中是這樣描繪男子體貌美的：

82 ／壁畫（摹本）／克里特時期身着半裙的人們。

83 ／插畫（摹本）／1906 年，身着前身挺直款緊身胸衣的女性。內衣將她的身體
緊緊包裹，形成當時人們普遍追求的 "S" 形。

84 ／插畫（摹本）／1795 年—1799 年間的胸衣，表現胸部的挺拔，更體現西方
文化中對理想人體美的追求。

體格魁梧，寬臉，眉毛微彎，大眼，下頜方正，脖子粗壯，肩肋結實，寬胸，腹部收縮，胯部骨骼大而突出，四肢青筋虯結，膝蓋結實，小腿強壯，腿肚鼓起，兩腿勻稱，虎背熊腰，步伐沉穩，嗓音洪亮。性格應是寬宏大度，心地單純，公平正直，無所畏懼而愛惜自己的名譽。

至於女子的體貌美更有相關的描繪，如阿里奧斯托的長詩《熱戀的羅蘭》：

她的喉部像牛奶一樣白嫩，脖子雪白，圓渾而秀美，胸部寬而豐盈，雙乳一如微風吹動的海浪輕輕起伏。淺色衣衫內是阿耳戈斯的眼睛也看不到的旖旎風光，不過人人明白，裡面也是一樣的美艷。胳臂秀美，像象牙雕成的手，十指纖纖，手掌上看不見一絲青筋。婀娜多姿的身子下露出一雙渾圓的秀足，美若天仙，透出奪目的光艷。

在理想的肉體美中，對於女人，豐腴比嬌媚和優雅更受歡迎，直接影響了緊身胸衣的造型，這也是緊身胸衣無論怎樣變幻款式，都將對乳房與臀的豐腴表現放在第一位的原因。女人應當既是朱諾（羅馬女神），又是維納斯，誰能通過胸衣來顯示她的豐盈雙乳，誰就會博得眾人的讚賞。尤其是少女，都視高聳的乳峰為一種榮耀與財富。女人高頭大馬、豐乳寬胯為美，也可以從魯本斯（17 世紀德國畫家）的繪畫中得出結論。生活中，男人總會吹噓自己的妻子或情人人體如何之美，並願意給朋友親眼領略，穆納《傻瓜園》中寫道："可以找到很多傻瓜，逢人便炫耀他們的老婆，他們會反復說他們的老婆多麼多麼漂亮，你見了準會目瞪口呆。"布朗當也這樣寫道："我認識幾位先生，他們向朋友誇他們的妻子，而且還要把她們的美詳細地描述出來。"一個人稱讚他妻子的膚色，像象牙一般潔白，白裡透紅，紅裡又透着白，手像綢緞一樣柔和。另一個人誇他的妻

85　／時尚內衣／雪白的肌膚和粉嫩的內衣盡顯女性的嬌媚。

86　／時尚內衣／以綫條縛束的性感內衣與女人的身體相映成趣。

87　／復古風格的緊身胸衣／緊身胸衣使女人的身體更具性感魅力，是身體崇拜的充分體現。

子身體豐滿，乳房富有彈性，像“兩隻大蘋果，紅艷艷的乳頭極美”，或者像“兩隻形狀優美的球，上面各點綴一顆紅彤彤的漿果，像大理石般堅硬”，而她的胯股，則“像個半球，能給人以最大享受”。有的人吹噓他的妻子有雙鬼斧神工雕刻出來的粉腿，“兩根軒昂的柱子支撐在一個美輪美奐的三角體下面”。這些人甚至連最隱秘的細節也不放過（圖85）。

　　無論是貴族的風氣，還是宮廷的節慶及貴族生活圈，人們關於妻子或情婦的精神品質，那是根本不屑一提的。只要是美麗的肉體，卻要從頭到腳，再從腳到頭細細描寫品評一番。口說無憑，往往還要做到眼見為實，找個機會讓朋友親眼看看妻子出浴或者梳洗打扮，更樂意領他到妻子的臥室。妻子正在那裡睡覺，怎麼也不會想到有外人窺視，赤條條地讓他看個夠。有時丈夫居然親自出馬，掀開自己妻子的被子，讓好奇的朋友把妻子的春光一覽無餘地看個夠。此時的丈夫像獻寶一樣，把妻子的肉體美獻給大家欣賞，以得到大家的羨慕，也消除掉大家心底的疑慮。妻子也常常聽任丈夫帶他的朋友到她的床前，甚至在她睡覺的時候掀開掩住身體的被子。當時的作家曾多次提到這種事例，故事裡也常有這種情節，由此可見其時對於身體的崇拜是多麼登峰造極（圖86、圖87）。

　　裸體與緊身胸衣在西方文化中是密不可分的一個整體，緊身胸衣無論形態還是意念表現均是身體的魅惑。著名的畫家馬奈曾經描述：“也許我們可以將緞製的緊身胸衣看成是當代的裸體塑像。”在他那幅十分出名的油畫《娜娜》上主人公穿着淺藍色緞製緊身胸衣，評論家們稱其身上的盛裝（又稱豪華的晨衣）才是整幅油畫的點睛之筆（圖88），其中有一段文字：“赤裸得不能再赤裸，罩着那蓬鬆又輕盈的內衣，美麗而純潔的少女，透出那苗條的身材和迷人的魅力……”為甚麼人們會認為畫中少女身上的內衣是如此挑逗如此色情，並且把緊身內衣與赤裸相提並論呢？藝術史學家瑪西亞·波音頓認為，裸體畫是一種“可視的修辭法”。而安·霍蘭在她的《透視服裝》一書中也提出她自己的觀點，這就是着裝並非赤裸的反義詞，它只不過是裸體的另一種

88 ／娜娜（油畫）／1877 年，馬奈。

形態。在當時服裝被視為"身體的外延"和"可剔除的派生物"，它作為"可恥的媒介物"而存在，與身體和文化的概念有着若即若離的關係。馬里奧·珀尼奧拉進一步提出："在繪畫藝術作品中，性吸引就恰恰產生於着裝與裸體之間。因此，吸引的產生是以服裝轉化的可能性——由一種狀態到另一種狀態——為前提條件的。有些服裝就在'象徵性地遮掩身體'方面起了不小的作用。很明顯，緊身內衣的部分魅力就恰恰來自於它作為內衣時的情形，它介於傳統意義上的裸體與着裝之間，一個穿着內衣的人，既可以說穿着衣服也可以說一絲不掛。"從這些言論中可以看出，緊身胸衣已經作為情色與服裝之間那微妙的遮擋媒介，也正通過這種緊身胸衣的修飾，讓情色有了一層更加唯美的包裹（圖89）。

到了19世紀，內衣一下子就變成了"性趣"愛好者們關注的焦點。傳統觀點甚至認為，為內衣而瘋狂的人，歸根到底是為裸體而癡迷，穿內衣的身體只不過是赤身裸體的間接表現形式，是性愛的前奏曲，因此穿上它只不過是為了掩人耳目，遮羞也不過是在內衣力所能及的範圍之內，效果極其有限。雖然此種觀點有失偏頗，但也從側面看出人們幾乎把裸體、情色與內衣畫起了等號（圖90）。輿論認為妓女和女演員是穿着花裡胡哨內衣的始作俑者，除了她們沒有人會願意為了吸引匆匆過客一轉頭的目光而在內衣上大花本錢。因為在19世紀70年代，大多數女人仍然穿着式樣普通的白色內衣，所以在馬奈油畫中的娜娜穿着的那件藍色的緞織內衣更顯特別之處，上面的每一寸似乎都記錄着她的風流韻事。19世紀90年代是女性內衣繁榮的時代，而且對那個時代的男性而言，穿緊身胸衣的女人要比一絲不掛更為性感（圖91）。例如在一幅法國漫畫《聖安東尼奧的誘惑》中就有一位面對裸體女人心無雜念的聖徒，但是那位女郎一穿上內衣褲和緊身胸衣，他就再也無法掩飾心中的興奮了。緊身胸衣作為女性服飾中的一種，充分顯示了其獨特性和故事性，尤其是在體現身體情趣方面（圖92）。德加在他的筆記本裡有一段自警的話："任何與人有過接觸，曾經被人使用或伴人生活的物品都是有生命的。

89 ／時尚內衣／通過緊身胸衣裝點的身體比裸體更具迷人魅力。

90 ／時尚內衣／具有挑逗性的內衣更有誘惑性。

91 ／插畫（摹本）/"女為悅己者容"，即便穿着緊身胸衣痛苦又費力，女性還是對它有種無法自拔的迷戀。

92 /時尚內衣/具有情色風格的內衣賦予女性迷人的風情。

93 /時尚內衣/緊身胸衣是服裝潮流中不可或缺的重要部分。

94 /時尚內衣/甜美風格的藍地蕾絲裝飾內衣套裝,包括文胸、三角形底褲、吊帶絲襪三大基礎裝飾。

95 /時尚內衣/"露"與"透"的內衣設計極具情色誘惑。

96 /時尚內衣/皮質材料與金屬扣合成的內衣盡顯狂野。

97 /日本動漫《天降尤物》/傳達性感的內衣也帶動了成人動漫行業。

比如內衣，即使已經脫下來，它還是保持着身體原有的輪廓等等。"緊身胸衣潛伏在體面外表的下面不斷使人注意到肮髒思想和行為的存在，西方學者康佐在《反女權主義的服裝改革》中作出結論：束腰及隨之而來的低領服裝作為一種時尚而首次出現於 14 世紀中葉並一直苟延到第一次世界大戰的現象，並非歷史上的偶然。束腰和低領服裝是西方服裝增強性感的主要手段（圖 93）。

　　通常情況下，西方內衣中的文胸、三角形底褲、吊帶絲襪這三大件是最常用的基礎裝飾，最簡易的內衣也就是丁字褲（圖 94）。

　　然而在色情文化下的衍生與推波助瀾，使內衣的情色功能更為鮮明。西方社會與"性"有關的東西屢見不鮮。在電視、電影、音樂、文字和各種表演中，在商業、廣告和美術作品中，在多種報章雜誌中，色情文化被看成是現代西方文化的一個特徵，色情文化和暴力文化已成為西方文化的重要組成部分。1999 年 2 月凱瑟家庭基金會的一份調查報告被路透社發表，報告稱，美國電視中帶有性描寫的節目已達到 56%。同時，其他文化內容也有不少性交文字，85% 的肥皂劇亦充滿了性描寫，83% 的電影、28% 的傾談節目、58% 的戲劇、56% 的情景戲劇、58% 的新聞雜誌都存在大量性描寫。加之色情雜誌、網絡文化、電腦動漫等一系列色情文化極大地促進了情趣內衣行業的高速發展，此類內衣的設計與穿着均強調性的誘惑與私密器官的表現，在"露"或"半露"的結構、"透"或"半透"的紗質材料（圖 95）、"清純"或"野性"（帶有金屬及皮革的受虐式狂野）之間徘徊（圖 96）。隨着計算機與網絡文化的普及，如今電腦遊戲的主頁面幾乎都是穿着性感內衣而表現身體的畫面（圖 97）。

　　西方社會雖然在古希臘和一些民族的某些特殊時期，那些出色的娼妓被人們當作名人一樣崇拜，但是大部分歷史時期，娼妓仍被視為淫賤和墮落者。為娼者大多是年輕、美貌、具有性誘惑力的女子，這些女子的職業就是想方設法誘惑男人，這也刺激了化妝術、服裝業的發展。哈佛大學夏奈爾博士認為，娼妓業的興盛體現了"姿色就是力量"的理念，娼妓業帶動了內衣行業的急速發展（圖98）。在當今一些西方城市的許多第一流街道上，這樣的風氣仍可見到。馬道宗《世界娼妓史》："在漂亮的馬德里街道上有不少房屋，厚顏無恥的姑娘們就站在門口。在這裡您可以看到油頭粉面、描眉畫眼的女主人，她們穿着前胸開口極低的衣服，使整個胸部都被暴露得一覽無遺，嘴裡叼着一根香煙。她們有時變得非常放肆無禮，攔截所有過路人。"

二　胸乳表現

　　西方社會情色內衣的功能，首要是表現與強調乳房的美與性魅力。只有美的肉體才能激起男子的愛，只有女人的肉體才能使男人動心，才能贏得男人的傾慕。在文學作品的女性身體描繪中，被讚美得最多的是胸部。雪白的乳房宛若象牙雕就，像兩隻糖球或維納斯山丘在胸褡之外凸顯，像"兩個太陽冉冉升起"，像"兩個矛頭"等等，到處是對女人乳房的讚歌（圖99）。凡是給女人的讚歌，就數乳房被唱得最多最響亮。詩人漢斯·薩克斯是這樣頌揚他的美人的："她的雪白的脖子下面是兩隻佈滿細細青筋的乳房，好像是花紋裝飾。"

　　自文藝復興時代起，緊身胸衣對於胸乳的描繪簡直是登峰造極，空前絕後。它的理想化形象成為那個時代永不枯竭的情色主題之一。在那個時代，女人的胸乳可謂是最大的美的奇跡。不管人們如何表現女人的生活，他都能找到讚美女人胸乳的機會，而且總是頌揚它的健康的自然美，亦即在適當原

98 ／給自己塗胭脂的女人（油畫）／1889 年－1890 年，喬治‧修拉。身着緊身
胸衣的女性在人們眼中總是私密而性感的。

則上建立起來的美。這樣的胸乳總是那種創造出來讓人從中體會生命力的乳房，在此，緊身胸衣成為對乳房讚美的一種載體（圖 100）。

三　內褲外穿

　　在內衣系統中，自遠古到 20 世紀美國文化中的超人形象，男性用內褲來充當性感的符號一直沿傳至今。在 1991 年阿爾卑斯山發現的具有五千多年歷史的冰人，身着皮革纏腰帶，被認為是男性內褲的雛形。小小的皮革在襠部的纏繞不僅是為了保暖與遮蓋，更是奧茲民族男性征服異性而體現勇猛的象徵。希臘羅馬時期的男性格鬥士，身體可無寸縷，但襠部必用腰布，除了防護之外，更多的是為了征服。文藝復興時期男性的緊身褲已開始在襠部另外附上繡片花卉或民族圖騰的內褲，強調對襠部的重點表現。這個時期（1485－1520）出現的一種男性套在緊身褲上的三角內褲，繡有美麗的花紋

99 ／時尚內衣／這種被稱之為 "魚雷成" 造型的尖聳胸罩，刻意強調女性第二性徵，使乳房成為注目的焦點。

100 ／穿着宮廷裙衣的瑪麗‧安托瓦妮特（油畫）／約 1778 年。豐滿的胸部、細而挺拔的腰身以及寬大的裙擺是貴族們引領的潮流。

及種子紋樣，是一種鮮明的性暗示，它有專門的名稱"酷比思"（codpiece），為男性內褲首次外穿的記錄。亨利八世（1507—1547）是為人熟知的好女色之徒，他將內褲看作是男性"隱秘的勳章"，與男性的力量、財富、色慾緊密聯繫起來。到了 20 世紀，內褲已完全成為性感的符號，"男內褲現在看上去充滿性感和誘惑力"，"男內褲對陰莖的強調促使人們購買這種內衣，這樣，在經歷了許多世紀的強烈禁止後，陰莖作為一種形象的一部分而公開出現"。（珍妮弗·克雷克《時裝的面貌》）1935 年美國芝加哥 Jockey 公司發佈了第一條 "Y" 字形三角內褲，"內褲"一詞被正式收入詞典，成為男裝的一個單獨分類。到了 20 世紀 30 年代，家喻戶曉的漫畫式人物"超人"出現，更將隱秘式時裝的內褲放到大眾眼前，外穿在藍色緊身內衣上的紅色內褲成為男性強化性感的符號（圖 101、圖 102）。如今，以美國設計師卡爾文·克萊恩為首的設計師也開始將自己的名字印在內褲上，尤其是男性內褲襠部左右插入式開襟結構的設計，是一次革命性的結構提升，它使得男性上公共廁所時不至於感到難堪，又使襠部隆起的男性生殖器官形象更整體而飽滿，它不亞於女性衛生巾的發明，所有這些都為內褲新式樣的發展製定了標杆。

101 ／超人（影視形象）/ 內褲外穿成為男性強化性感的符號。

102 ／超人總動員（動漫形象）/ 內褲外穿的形象成為一種符號，內衣形象帶動了
　　　"超人"的多媒體產業。

Part 5

第五部分

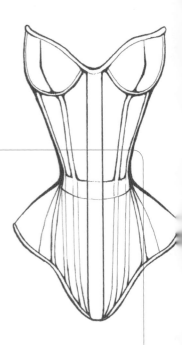

內　衣　的　深　層　構　建

在中西方內衣文化中，款式、服色、圖騰、技藝等在文化學意義上屬淺層文化結構，亦稱顯性文化，具有符號性特徵，而潛藏在這些形態界面背後的意慾、價值觀、制約性等則屬於深層文化結構，亦稱隱性文化。淺層文化結構與深層文化結構二者是統一並相輔相成的，前者是後者的外部表現形式，後者是前者的內在規定和靈魂。對內衣文化深層結構的研究，除了身體表現的價值理想、情色功利等內容之外，還需透過內衣的獨特屬性來認識其區別於其他服飾文化的個質。諸如它生成的哲學內涵，奢侈生活方式、寵姬理想、生育觀等對內衣生成的文化構建等，從而透過表象而尋根求源，摸清其脈絡的特質。

中西方內衣文化與其他文化類型相比，更具物質性與身體性，它的構建總是與具體的物質形態及身體交織在一起，以人與身體為基本物質條件，內衣為人化的物質，實際上成了精神的物化或物化了的精神。內衣文化中的隱形性，與外在服飾決然不同，它以一種非制度化的特徵顯呈出來。它不像外衣那樣具有鮮明的品第、職業規定性，既沒有像冕服、深衣、補服那樣富有制度與典章，也沒有像燕尾服、西服那樣強調身份標誌，而是圍繞對女性的評價、身體的價值而展開，這種差異性構成了內衣與外衣本質的不同。

一 哲學內涵

面相即心相。人類服飾文化中的內衣系統，從外界及傳統思維來看，儘管它們是人類日常生活中最密切最廣泛的一種伴侶，但人們總迴避論及與洞察它只可意會不可言表的生成基因。當我們梳理中西方內衣歷史文化的時候，真切地感覺到那是兩個不同的理想世界，中國文化基調的內斂、含蓄與西方文化中的張揚、個性清晰地顯現出來。儘管中西方內衣文化兩條平行流動的長河偶爾出現匯聚的小小支流，但始終遵循並堅守着各自的理想圍囿，正如我們的內衣審美難以走出平面視角與宗法象徵，以"藏"為特徵（圖103），而西方人堅守三維立體與開放意識，以"顯"為特徵（圖104）。

讓我們撥開中西方內衣外在的紗幕，探討它們在造物的宇宙觀、思維方式、實用價值觀方面的結構性差異。"作為形而上學的哲學之事情乃是存在者之存在，乃是實體性和主體性為形態的存在者之在場狀態"（海德格爾《哲學的終結和思的任務》）。對中西方內衣為形態的"存在者之在場狀態"研究，是為了更好地解構它們的存在，在傳承與創新中准確把握兩者之間的脈絡。

中國古代服飾文化中將內衣統稱為"褻衣"，同時，將遮胸蔽乳的貼身衣物稱為"肚兜"（亦稱"兜肚"），而不稱為"乳兜"或"胸兜"，都是服從於禮教的一個原則，那就是迴避對身體與性特徵的表達。"褻"有輕薄、不莊重、私密等意思，用"肚兜"不用"乳兜"或"胸兜"，均源自封建禮教與禮儀規範中對女性的蔑視與妖化，也是對於身着內衣的女性所流露出的誘惑與性徵的負面形容。無論是抹胸還是肚兜，遮掩胸乳僅是表象，實際是展示中國女性內斂、含蓄、委婉、悠然的意境美，通過它對身體表現的朦朧與神秘而平添嫵媚動人的浮想，隱約中深藏着暗香，對身體的"藏"為根本（圖105）。反觀西方，無論是公元前2500年克里特島的袒乳束腰半裙，還是文藝復興之後的緊身胸衣，直至19世紀末乳罩的出現，皆突出與強調女性的乳房，以喚起慾望的身體表現慾貫穿始終。這在很大程度上，源自西方人早期對於生殖與繁衍的原始崇拜，在《舊約全書·創世記》中，就有描述我們熟悉的亞當與夏娃第一性徵的情節，聞名世界的維納斯女神圓滾飽滿的乳房又強化了第二性徵的特點，所有這些都體現了以"顯"為美的審美意識（圖106）。

中西方內衣在思維與實用價值觀上的差異根基於不同的文化認同與價值理想。前者強調人與物之間的相同與互繫的聯繫，內衣也是身體之上的一種

103 ／金代男性內衣／黑龍江阿城金墓出土物，織金錦為面，平紋絹為裡，內納薄
錦，上寬 155 厘米，下寬 112 厘米，中間袗長 54 厘米，兩側各綴四條絹帶。
平面視角的結構分割體現對身體以"藏"為主的宗法意識。

104 ／時尚內衣／西方人崇尚三維立體與開放式審美，內衣設計以"顯"為特徵。

105 ／肚兜／肚兜展示的是中國女性內斂、含蓄、委婉、悠然的意境美。

106 ／束腰（摹本）／1777 年。女人們通過束腰擠出渾圓飽滿的乳房，體現以"顯"
為美的審美意識。

心象。後者側重人與物之間的直觀對應，內衣也是身體管理的器具之一。以肚兜中的"百子圖"為例，在西方文化背景下人的潛意識認為"百子"是一百個單個個體人，而對於中國人，內衣上的"百子"圖騰，卻不是"一百個單個個體人"，而是一個整數字，是互繫與"多子多孫"、"子孫興旺"的集約式寄寓（圖107）。"百子圖"中的"多"不僅是表示男女數量，更是對自然、社會萬物及人之間相通、互變、互繫的聯繫的表達。這種"多"也就是"一"，"一"指"一道"或"一理"，"一"在於女性必具"多子多孫"、"子孫興旺"的生育之道。魏晉玄學家王弼曰："萬物萬形，其歸一也，何由致一？有言有一，數盡乎斯……"（《老子》四十二章注）。再如，肚兜中常用的七夕"鵲橋會"題材，西方人認為是一個身着古裝的女性在看着一個半懸在天空的男子或兩性相愛，而中國內衣上所表達的卻是"在天願作比翼鳥，在地願為連理枝"（白居易《長恨歌》）、"我欲與君相知，長命無絕衰。山無棱，江水為竭，冬雷震震，夏雨雪，天地合，乃敢與君絕"（漢樂府《上邪》）、"枕前發盡千般願：要休且待青山爛，水面上秤錘浮，直待黃河徹底枯"（敦煌曲《菩薩蠻》）、"柔情似水，佳期如夢，忍顧鵲橋歸路"（秦觀《鵲橋仙》）等女性對情愛的宣誓舉動，願天地能聽到她們的誓言，願她們的愛像高山大海一樣長久，是中國文化"天人合一"宇宙觀與"一拜天地"婚俗的誓言，通過"鵲橋會"來相通於情愛理想與生命價值，圖騰與情愛的精神理想相切換而互繫，潛意識中是對愛的宣誓（圖108、圖109）。

　　我們知道中西方內衣的造物均依賴紡織材料及相應的輔料，但西方內衣善用鋼條與襯料，中國內衣善用色彩與繡紋，西方內衣強調立體塑形，中國內衣多為平裁掩覆。這都不是對材料與工藝天生的愛好與習慣，而是兩者在思維方式與實用價值上的大相徑庭。不同民族的性格差異與文化差異決定了它們在平面與立體、柔美與剛碩、比興與直率等方面不同的價值取向。

　　中西方內衣造物思維上的平面與立體，是結構形態上最根本的差異，也可以說體現了寫意與寫實的不同意境美追求。中國內衣以平面幾何形態的分

107／肚兜／肚兜中的"百子圖"並非一百個孩子，而是多個孩童形象，寓意"多子多孫"、"子孫興旺"。

108 / 肚兜（局部）/ 以 "喜結連理" 圖騰寓意夫妻恩愛，相伴長久。

109 / 肚兜 / 通過 "喜結連理" 紋樣表達 "在地願為連理枝" 的情愛宣誓。

110 / 肚兜 / 裝飾花卉圖騰以經過提煉和抽象而成的輪廓綫描來表現。

111 / 肚兜 / 造物思維的另一方面，以大面積白色的 "虛" 襯托五彩小面積繡紋的 "實"，使主題圖騰更為鮮明強烈。

112 ╱肚兜╱形象飽滿、色彩鮮艷的魚，與抽象綫描的花與蝶形成鮮明對比，一實
　　　一虛，一緊一疏，張弛有度，印證了中國藝術精神表現的辯證關係。

113 ╱肚兜（局部）╱擬人形象的"五毒之蟲"，具有了人的神韻。

割為基礎，追求物象的"正面律"，放棄造物的凹凸與陰影；西方內衣以還原身體物件的原貌為特徵，自然模仿中追求幾何主義與透視的三維立體效果。"正面律"的內衣造物在於以經過提煉和抽象而成的平面化形象來表達情感與意象，強調輪廓與綫條，例如結構外觀的四方形、三角形、元寶形，圖騰中花卉形象的平面輪廓綫描（圖 110）。這些與西方內衣相比，超脫了具象含有的成份，以平面結構與綫條來以形寫神。依附於平面造物思維模式的另一方面，就是"以虛代實"，以"留白"的"虛"來襯托主體形象的"實"。"留白"亦稱"佈白"，肚兜圖騰上留出空白是"虛"的刻意表現，目的在於使主題圖騰更鮮明強烈，也給予了觀賞者更多想像的空間（圖 111）。"留白"處為"虛"，紋樣處為"實"，兩者相對，虛實相生，交互運用，"虛則實之，實則虛之，世事有時也是真假難辨"，充分體現着國人對自然生命力思辨式的哲學觀。中國內衣中以肚兜為代表的裝飾極其清晰地印證着中國藝術精神表現中的辯證關係，強調紋樣的虛實與疏密佈局關係（圖 112），"畫在有筆墨處，畫之妙在無筆墨處"（戴熙《習齋畫絮》）的審美處置使裝飾情與景、意與境交融化合。正如宋人范晞文曾引用伯弜《四虛序》之言："不以虛為虛，而以實為虛，化景物為情思。"這種虛實與疏密也是古代哲學概念中的陰與陽的體現，目的在於用兩種相互對立、相互消長的勢力和屬性來表現自然。在肚兜裝飾上由陰陽派生的還有形與神，南朝宋畫家宗炳雲言："今神妙形粗，相與為用，以妙緣粗，則知以虛緣有矣。"《莊子》也有言："可以言論者，物之粗也；可以意致者，物之精也。""粗"是指事物的外表形貌，"精"是事物的內在精神，在肚兜圖騰佈局中，形是外相，神是內涵。神是內在意蘊，形是外在表現。形可以直觀鑒賞，神則只可心領神會，以審美思維來體悟它。例如，肚兜中五毒形象的擬人式形象，將人的面部形象與動物的軀幹形象相互重構，這裡的"五毒之蟲"具有了人的神韻（圖 113）。反觀西方內衣自克里特半裙式胸衣起，始終追求以三維立體"人台式"的結構理念來展露身體，還原並強化身體的原貌，將身體幾何化、比例化、立體化（圖 114）。緊身胸

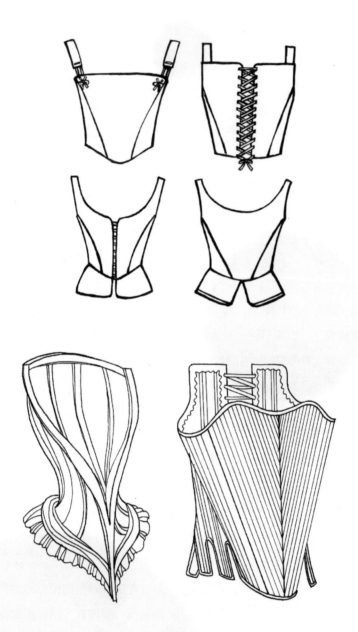

114 ／緊身胸衣（摹本）／西方內衣造物理念追求幾何化、比例化、立體化。

115 ／緊身胸衣（摹本）／緊身胸衣的三維形態具有女性身體的特徵，而且有女性意味和造型價值。

116 ／緊身內衣廣告／20世紀60年代，杜邦公司生產的緊身內衣用新型的"萊卡"纖維，為塑造女性挺拔的身軀提供了物質保證。

衣與文胸如同它們的建築一樣，開放與透敞，此與古希臘文明中特有的酒神文化匯總追求的享樂主義與個人主義密切相關，宣揚的是健康、樂觀及七情六慾折射出的體量意識，從而對身體的立體塑形強調幾何分割與數的比例，比例中又刻意於節奏的變化，使身體經過三維立體式的內衣包裹後顯得凹凸有致，以滿足主客體的多項慾望。西方內衣立體化、幾何化、比例化地對身體進行再造，更是源於西方哲學中由柏拉圖及亞里士多德開創的"模仿論"理式，並以"行動中的人"為模仿對象，把藝術造物按照"應當有的樣子"去創造，"求其相似又比原來的人更美"（亞里士多德《詩學》）。緊身胸衣最能印證這個理念，它的三維形態既是女性身體的特徵，又比性徵更具女性意味與造型價值（圖115）。

中西方內衣性格的差異也體現為柔美與剛硬的不同，如同中西方建築，前者用木材後者用石頭，木材細緻、深秀、柔美，石頭則剛硬、雄壯。中國內衣造型所選用的材質以絲綢、棉布為主，內襯也是軟體的刮漿紡織材料；西方內衣無論是緊身胸衣還是文胸，均離不開鯨骨或鋼條的內襯條支撐，強調軀體的挺拔如同古希臘柱式那般雄壯剛毅（圖116）。中國內衣的柔美是內斂、含蓄而委婉的，柔美中深藏着一股股暗香；西方內衣的剛硬是對強烈視覺衝擊力的營造，以表現女性誘人的胸、腰、臀等第二性徵。

比興與直率也是中西方內衣不同理念的造物差異。中國內衣表述的內在思想往往通過比興的方式來陳述。例如，肚兜中常用的月亮圖騰，西方人認為是夜晚，國人認為它是女性的化身，具有陰性的特徵，對月亮的崇拜也是對生命與生育的崇拜。中國內衣圖騰中的"比"利用不同此物與彼物某一點相似來比喻，使抽象的情感具體化，曲折地補充直說出來也不足以表達的感情，"興"大量運用通感寄託感情，通感常與比興手法聯繫來表現對情感寄寓的追求，例如不同花朵為四季常青、石榴為多子多孫、桃為長生不老等比興手法的運用（圖117）。西方內衣對身體表現直率而坦誠，它們在圖騰上對生育的表達統一運用瑞果紋樣（亦稱"火腿紋"）來直訴繁殖的意願（圖118），結構上對身體的表露與展示，更是直言不諱，將胸、腰、臀直率地視為物慾的平台。這種直率的展露方式與西方文化中對裸體的崇拜及個人主義的自由觀密切相關，正如黑格爾所言："自由正是在他物中即是在自己本身中，自己依賴自己，自己是自己的決定者。"內衣守在身體裡面，與表現身體所選擇的內衣達到和諧，不是把身體交給內衣，而是在內衣中體現自己。

二 肚兜與中國女性社會地位

中國肚兜不單單是一種內在裝束，它還體現着女性不同的社會地位與身份，具體表現在以下幾方面。

① 女性是父權社會的經濟附庸

在中國古代文化中女性地位一向為父權的從屬，是父權社會男尊女卑觀

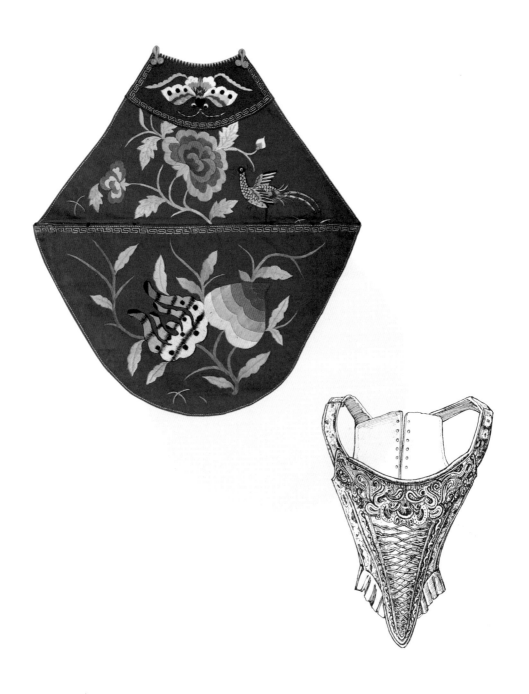

117 / 肚兜 / 多種花果 "集於一身"，以求牡丹之 "富貴"、佛手之 "多福"、仙桃
　　　之 "多壽"。

118 / 緊身胸衣（摹本）/ 帶有佩茲利紋樣（亦稱 "火腿紋"）裝飾的緊身胸衣。

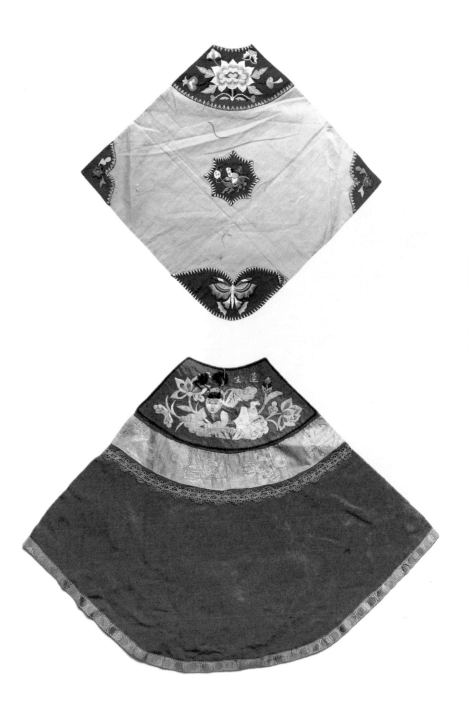

119 / 肚兜（局部）/ "獨佔鰲頭" 的紋樣是傳統肚兜中的常見圖騰。

120 / 肚兜 / 繡以 "獨佔鰲頭" 紋樣表達對夫君、兒子仕途前程錦繡的美好祝願。

121 / 肚兜 / "指日高升" 字樣體現了女性藉助他人之勢實現自己社會價值的渴望。

122 / 肚兜 / "麒麟送子"、蝶與蓮花的圖騰表達出女性希望夫妻恩愛、早生貴子的願望。

123 / 肚兜 / "蓮生貴子" 圖騰體現女性對繁殖生育、傳宗接代的重視。

124 / 肚兜 / "太平春富意貴" 反映出對生活環境的理想追求，肚兜下擺的如意裝飾
表示 "如意到心" 的美好祈願。

125 / 肚兜 / 晚清時期的如意形肚兜，寓意一切如意、萬事順心。

念的一種延續。在俗語中"嫁雞隨雞，嫁狗隨狗"，"婦憑夫貴，母憑子貴"等都是體現了這種女性的從屬地位。在中國古代肚兜的紋樣上均充分體現了這一特性。例如："獨佔鰲頭"紋樣，寄寓了婦女對於夫君、兒子走向仕途成功的一種美好願望（圖119、圖120），是婦女只有借他人之勢才能成就自己社會價值的體現。她們喪失了家庭財產的所有權，只得藉助婚姻或血緣關係，依附於男子，淪為了家庭的奴隸（圖121）。舊時就有"男稱丁，女稱口"之說，封建時代皆以一家中"丁"的數目分配土地和擔負賦稅，把女性排除在外。中國古代婦女肚兜中還有"多子多福"、"早生貴子"、"百子圖"等多種反映女性繁殖生育，傳宗接代願望的紋樣（圖122）。婦女只有通過生育才能穩固其價值體系和社會地位，這些關於生育的紋樣便體現了婦女在封建社會壓迫下產生的生育理想（圖123）。據《禮記·內則》記載："自婦無私貨，無私畜，無私器；不敢私假，不敢私與。"這就是說，女子在出嫁前沒有財產，出嫁後也沒有私有物品，甚至從娘家帶來的財產也一並被剝削掉，即使婦女出外求生，也被冠以"三姑六婆"受到各方歧視，有時甚至淪為男性買賣對象，陷入悲慘境地，這都是因為女性在經濟地位上無法獨立。泯滅女性的經濟權利，令其成為男子的性奴隸和生育工具，以至於婦女只能作為一種從屬的"產品"存在於男權封建社會中。

② 女性被排除在政治之外

自階級社會產生以來，"乾坤正位"便成為規範男女社會關係的理論基礎。"女正位乎內，男正位乎外；男女正，天地之大義也。"在這種思維模式體系下，中國古代女性內衣的裝飾都集中在表現自然美上，動物、植物圖案的描繪與手工刺繡屢見不鮮，如"四季如春"紋樣表達對於自然環境唯美的嚮往，"一生如意"的紋樣反映對生活環境的理想追求。這些裝飾紋樣代表了女性在封建制度剝削壓迫下仍然堅持的生活理想和生活態度（圖124、圖125）。雖然在內衣裝飾中表達對生活的美好憧憬，但在現實中女性又不得不

126 / 肚兜 / "福"在心頭，寓意萬事皆福。

127 / 肚兜 / "一夫一妻多妾"的紋樣繡於肚兜上，反映出封建社會女性對封建宗法思想、倫理道德的順應與服從。

128 / 胸衣 / 民國時期，複合式紅綢胸衣。五彩繡"好鳥枝頭"表達女性擇偶的社會價值觀。

129 / 肚兜 / "飛上枝頭變鳳凰"的紋樣寓意通過聯姻、嫁娶來提升女性自我價值及社會價值的理念。

126 128
127 129

屈從於男人為自己設定的生活範圍和既定角色中，將自己的生命價值降到次要的從屬地位，從而形成了婦女無權的隱忍經歷，形成了認為婦女無能的短見偏見，從而婦女本身也就成了無史的沉默群體。不僅如此，封建時代還宣揚"女禍論"，即認為寵信婦人，使之預政，必釀禍害。無論家政、國政都奉之為信條，引以為戒，使之成為限制女性預政的一件理論武器。總之，一切女性的基本政治權利在這一男權社會中消失殆盡。

③ 傳統女教自始至終滲透着封建倫理的觀念

　　儒家思想是中國封建社會的思想基石，故傳統女教一向貫徹儒家的宗法倫理觀念。漢代以前，就已經出現了奴化女性的封建女教，認為"婦女只許初識柴米魚肉百字，多識字，有損無益也"，有的還認為"婦人識字多淫穢"。正是這種"女子無才便是德"的觀點，剝奪了婦女學習文化知識的機會，使她們的才智無法發揮，能力不受培養，無法獨立，即使夫婿妻妾成群，也毫無怨言。正如肚兜中"一夫多妾"的紋樣，直接把夫婿三妻四妾的圖案縫製在肚兜上，如果說這也是古代婦女所要表達的願望，那麼這個願望是可悲而又無奈的（圖 126、圖 127）。封建社會對於女性的德育尤為重視，尤其是關於封建宗法思想、倫理道德觀念。西漢劉向《列女傳》、東漢班昭《女誡》，成為討論女子問題的範本，連同後來的《女論語》、《女行者行錄》都在宣揚"三從四德"，"男尊女卑"。同時封建倫理觀念在女性的婚姻愛情上也有諸多限制，古人講究的門當戶對、攀龍附鳳都直接表現在了女性內衣的製造上。"好鳥枝頭"紋樣通過描繪鳥類倚在牡丹花上，來寄寓通過聯姻、嫁娶而提升女性自我價值及社會價值的一種理念（圖 128、圖 129），體現女性在封建社會中沒有地位卻要攀上枝頭變鳳凰的夙願。這是中國古代女性在封建教化下形成的固有理念，以至到現今這種思維模式還在影響着現代人擇偶的行為準則。

130 ／插畫（摹本）／1880 年，格雷萬。／左/《多麼令人厭煩的女人》，畫面表現情
婦不停抱怨男人的家庭拖累彼此纏綿。／右/《密友之間》，反映 19 世紀的歐洲
男女不知羞恥為何物的糟糕社會風氣。

三　寵姬理想

　　內衣作為一種私密的身體裝束，對身體的表現不言而喻，表現身體不是
目的，潛在的意識是喚起異性的關注並迎合異性的需求，正所謂"為悅己者
容"。古今中外，成為君主或貴族的寵姬是很多女性生命中的最高理想，也是
君主專制制度中弄權的一種炫示。所以，在自文藝復興起始的西方社會中，
凡是養情婦之風極盛的時期與地方，極力表現身體的內衣也必然廣為流行且
各領風騷，養情婦的風氣同瘋狂浮華、號稱"第二身體"的內衣連在一起，服
務於淫逸奢靡的生活方式（圖 130）。中國歷代社會也不例外，擁有"妾"、
"姬"、"俾"、"伎"也是擁有財富特權男子的享樂方式（圖 131）。

　　中國的寵姬理想自母系氏族消失起便開始萌發，"一夫一妻多姬妾制"的
享樂主義與獨裁專制，一方面泯滅了人性平等，另一方面又迫使女性千方百
計地去迎合男性的特權與享樂，使自己受到青睞與寵幸。以封建社會最盛的
唐朝為例，女子以裝飾打扮魅惑男性，以求受寵，袒胸露背的抹胸以表達豐

131／肚兜／圖騰紋樣反映了男性 "一夫一妻多妾" 的特權享樂方式。

132／肚兜／鮮艷的紅底，多層飾緣，使得肚兜豐富多彩，五彩繡人物紋樣表現出
女子對愛情的渴望與追求。

133／肚兜／綠底襯以大面積紅色系花果圖騰，雖已降低明度與純度，紅綠相對，
仍然鮮明奪目。

134 /《幫女士束腰的新機器》（摹本）/ 1828 年，威廉·希斯。諷刺女性為了細腰
想盡一切辦法。

135 /《緊身胸衣》（摹本）/約 1810 年。穿上緊身胸衣後的美好身段，是年輕女性
取悅男人的資本。

136 /插畫（摹本）/諷刺女人不惜以任何方式來勒緊腰部，變本加厲地追求身段來
博得男士的愛慕。

腴為美，廣川跋周昉《按箏圖》說："嘗持以問人曰，人物豐穠，肌勝於骨。"
姿態豐艷被認為是中唐時期婦女的標準美，內衣流行用大撮暈繢團花作為裝
飾，正如隋朝丁六娘的《十索曲》所言："裙裁孔雀羅，紅綠相參對。映以蛟
龍錦，分明奇可愛。"（圖132、圖133）通過內衣的裝束來表達媚惑，以博
男性歡心，由薛媼的《贈鄭女郎》詩可見一斑：

> 艷陽灼灼河洛神，珠簾繡戶青樓春。
>
> 笑開一面紅粉妝，東園幾樹桃花死。
>
> 朝理曲，暮理曲，獨坐窗前一片玉。
>
> 行也嬌，坐也嬌，見之令人魂魄銷。
>
> 堂前錦褥紅地爐，綠沉香榼傾屠蘇。
>
> 晚起羅衣香不斷，滅燭每嫌秋夜短。

　　女子芙蓉般的臉、玉肌般的胸、艷麗的抹胸被認為是此時期女性的標
準美，既迎合男子的鑒賞口味，又體現了女子期盼賞寵的心理。唐朝上至皇
上，下至文人進士，寵姬之風盛行，《開元遺事》說："明皇與貴妃，每至酒
酣，使妃子統'宮妓'百餘人，帝統小中貴百餘人，排兩陣於掖庭中，名為風
流陣，互相攻鬥，以為笑樂。"宮廷如此，民間也不例外，有姿色與才華的女
子都以博得進士們的歡心而得榮耀，文人進士也為所寵之姬留下無數吐露情
懷的詩篇，諸如白居易、元稹等人的詩文至今為人吟頌。

　　反觀西方內衣，受寵姬理想影響更大。一是身體表現是西方文化的一部
分，二是自君主專制制度興起後，從宮廷到民間均視"能與國王同床"為一
生榮耀。為此，各階層的女性不遺餘力地追求美貌、才藝與心機，以求攀龍
附鳳。在這種社會背景中，女人能做一名寵姬是最吃香的職業，許多父母乾
脆把女兒的培養方向定為日後能成為寵姬（圖134）。孟黎夫人在她的《大西
洲》中說："有遠見的母親叫女兒去海德公園和各家歌劇院，以便讓她們在那

裡找到情人。"穆納在《傻瓜詛咒》中說："男人如果拒絕給她們買漂亮首飾和服裝，就會嚇唬他們，說是去找'神父和僧侶'……如果一個美貌的女子能當上國王的情婦，那自然是她一生中最大的幸福，倘使能博得公爵、伯爵、紅衣教主、主教甚至是普通貴族的賞寵，也是一件頗為榮幸的事情。"不單是貴族，許多市民階層的婦女也把情愛當作一種資本，從而為她們帶來盡可能多的利潤，她們為在風月場中的勝利而驕傲（圖 135）。"整個波茨坦是一個大妓院，一切的人家都只想攀上宮庭、攀上國王，大家爭先恐後地要獻出美女。"（馬道宗《世界性文化史》）女性在關注外貌與行為舉止的訓練中，打扮也十分考究，對貼身胸衣對形體的修飾十分注重，追求優雅性感的身體綫條及價值昂貴的奢華，以博取歡心。例如，女性普遍關注胸搭對乳房的表現，乳房與內衣成了寵姬的一種物質平台，17 世紀一位詩人這樣吟唱："乳峰輕盈一握，乳暈宛若草莓。富於彈性起伏的胸，點綴着兩顆花蕾。"西方學者希貝爾說："女性的胸體現着最高的美，猶如最好的麵包放在櫥窗裡。"這裡可見，"麵包"與"櫥窗"，如同"乳房"與"內衣"，前者是受寵的實質，後者是對受寵的服務（圖 136）。對於女人來說，豐腴比嬌媚和優雅更受歡迎，要博得眾人的欣賞，依靠"胸搭顯示出她豐盈的雙乳"（馬道宗《世界性文化史》）尤為重要，高聳的乳峰是一種榮耀，它"能夠扼死巨人"。

四 奢侈生活價值觀

以緊身胸衣為代表的內衣，自始至終以雍容精緻來服務於性愛，它包含了時尚、華麗、揮霍多重意慾，本質上是受奢華生活方式的制約與影響。這種奢侈的生活方式以質量方面作為強調的核心，奢侈指任何超出必要開銷的花費，包括質與量兩個方面，緊身胸衣奢華的質量方面以“精緻”、“感官刺激”為典型，包括材料的精選和款式外觀的性意識表現。緊身胸衣的奢侈純粹從身體的感官快樂中發生（圖137），正因性生活要求具備精緻和增加感官刺激的手段來滿足人的需求。正如弗洛伊德關於補償性的性表達所言：“所謂的個人奢侈都是從個人的感官快樂中出發的。任何可以調動五官感應的，如眼、耳、鼻、齶和觸覺感到愉悅的東西都傾向於在日用之物中發現更加完美的表現形式，也正是因為這些物質的東西構成了奢侈。歸根結底，性生活只是要求精緻和增加感官刺激的手段根源，因為性的感官快樂也是所有感官快樂的組成部分之一，這一點毋庸置疑。”

在緊身胸衣上的開支，我們可以通過一系列數據來得以證明。法國宮廷花在服裝上的費用預算與房屋費用是一致的，從亨利五世統治時期，對每一種用於內衣的面料都有詳細的預算投入，有一次路易十四在參觀巴黎的花邊作坊時就買了價值2,000里弗爾的裝飾飾帶。18世紀的法國宮廷，完全由情婦控制，由此宮廷生活事無巨細滿足於奢侈的投入。蓬巴杜爾夫人曾規定不同的宴會要用不同的服裝，單單在舒瓦西的一個城堡中招待客人所用的紡織品就價值600,452里弗爾。她對天鵝絨、絲綢、金絲刺繡、花邊、假花等裝飾材料均購買極其昂貴的知名手工製品。

在精美內衣方面的奢侈出現在文藝復興之後。巴洛克時期追求精巧，洛可可時期更接近奢華，18世紀被提升到一個更高的高度。在《十足的英國商人》一書中，受到高度尊敬的丹尼爾·笛福對尋常所見的“時髦男人”、“文雅紳士”感到憤慨（圖138），這些人穿着10至20先令一碼的亞麻布做成的襯衫，每天換兩次內衣。他抱怨說，往昔人們對用價錢便宜一半的平紋荷蘭亞麻布製成的襯衫已感到心滿意足，而且一周最多換兩次衣服。針對他那個時代過分追求潔淨的紈絝子弟，笛福惡狠狠地拋出這樣尖刻的言論：“我們可以設想他們那更骯髒的身體比其先人的更需清洗。”

西方內衣的奢侈有着它特殊的成因。其一，家庭化。在文藝復興之後，

137 / 插畫（摹本）/ 穿上令自己痛苦的緊身胸衣和裙撐就是為了取悅男性，使他們首先獲得視覺上的刺激與享受。

138 /《花花公子》（摹本）/ 1830 年，穿緊身胸衣造型結構禮服的紈絝子弟。

139 / 插畫（摹本）/ 帶有花邊與刺繡的精緻華美的緊身胸衣。

140 / 復古風格的緊身胸衣 / 表面燙鑽的沙漏形緊身胸衣，是奢華生活方式的集中體現。

141 / 緊身胸衣廣告（摹本）/ 1906 年，帶有胸部支撐物與大量花邊的緊身胸衣，更顯腰身挺拔。

142 /《格雷厄姆家的孩子們》（油畫，局部）/ 圖中的小女孩也都穿着緊身胸衣，足見當時緊身胸衣的風靡程度。

奢侈採取的是在慶典宴會等場合進行炫耀這一特定形式，由主管家內事務的女人在家庭範圍內進行。內衣與舒適的住宅、珍奇的珠寶構成有形的奢侈。其二，官能化與精緻。內衣的創造更傾向於將奢侈從追求藝術價值越來越多轉移到追求更低的人類的動物本能上。龔古爾兄弟在專門提到杜巴麗夫人時說："對藝術的贊助向下延伸到刺繡工，甚至是裁縫"，"精緻的絲襯裙、灰色絲襪、粉紅的絲綢內衣、天鵝絨與鴕鳥羽毛的裝飾以及布魯塞爾的花邊等無可匹敵。"（圖 139）其三，奢侈頻率的不斷增加。自文藝復興之後，宮廷的節日歡慶變為常年不斷，節日期間的化妝遊行變為天天舉行的化裝舞會與宮廷慶典。其四，零售業的發展使女性在創造的奢華內衣上有多項的多樣的材料選擇，傳統的綢布商變成現代的服裝商，他們不但經營絲綢、天鵝絨、錦緞，還經營用於各種裝飾的數不清的昂貴小商品，諸如花邊、金銀絲帶、假花、各種襯墊與內衣撐架。19 世紀晚期的英國，緊身胸衣流行達到頂峰，已成為貴族之身的符號，是"中產階級和上層階級婦女的必不可少的時髦標誌"。（菲奇《維多利亞內衣和女性身體描述》）（圖 140）

圍繞內衣的奢侈品工業有絲綢、花邊、刺繡、假花業（圖 141）。絲綢工業，在早期資本主義階段它在歐洲的工業社會中扮演着絕對的主角。據《分類百科全書》統計，1770 年至 1784 年期間，里昂的絲綢產品價值每年約 6,000 萬法郎。1779 年至 1781 年，法國全部進口商品的總價值為 208,216,269 法郎，而其出口為 235,236,260 法郎。其中里昂的絲綢產品一項，價值便佔了總價值的 1/8 到 1/7。1911 年運過德國邊界的商品價值總計 191 億多馬克，與此相應的，第一次世界大戰前里昂的絲綢產品價值每年在 24 億到 27 億馬克之間（圖 142）。

絲綢工業。為資本主義工業樹立了一個榜樣，更為內衣的創造提供了物質的保證。據資料所載，西方最早的絲綢製造企業是由里昂絲綢工業的創始人之一拉烏萊·維亞爾在 16 世紀建立的。他在一所房子裡架起了 46 台織布機，一部機器能完成 4,000 個紡織工的工作（圖 143）。

143／緊身胸衣／1890 年，藍色緞面質地的緊身胸衣。

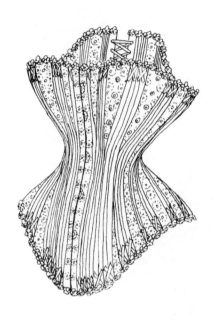

145

146

144／緊身胸衣（摹本）／1873 年至 1878 年間緊身胸衣的款式。

145／肚兜／清晚期，元寶袋如意後背直身肚兜，下擺的流蘇以及領口的褶襴裝飾
很有創意。

146／肚兜／清晚期，菱形肚兜。藝術化的虎頭形象以及貼布工藝增強了肚兜的
意趣。

花邊工業。在西方奢侈品工業中一直佔有舉足輕重的地位。早在 1669 年，法國就有 17,300 名男女工從事花邊工業。1775 年 6 月 18 日，漢諾威的行政官員齊格勒在參觀厄爾士山脈花邊製造工業時，花邊工業師描述："五歲孩子就會用兩個銅管製作花邊。" 18 世紀之後花邊已經不再是專供富裕階級享用的奢侈品，它開始為貧民所用，但事實是法國出產的精緻手工花邊專供上層社會消費者使用（圖 144）。

刺繡工業。早在 1744 年因為法國人在柏林建造了自己的工廠，並僱傭七十多名工人生產各種刺繡產品用來作為男女內衣的裝飾。

假花製作。1776 年德國柏林建立了首家假花製作工廠，到 1784 年僱傭了 140 名女工，產品價值達 24,000 泰勒。

五 女德與境界

中國內衣的造物承載着深層的文化內涵，以女性為主體的創造者不斷地藉此表現，安頓生命的價值理想。在以男性為主的父系社會及宗法制度下，女性一切行為均需合乎以家庭為主的人倫道德，以社會為主體的社會道德，以超自然神性與客觀自然規律為主體的天、地、道統一，而不是一味單方面地張揚自我，她們注重與主客體的關聯性、親和性，強調內衣的物我交融。

自《禮記》的古訓就規定了男女有別，女子言內且主內，以操持家務為主。"禮始於謹夫婦。為宮室，辨內外，男子居外，女子居內。深宮固門，閽寺守之。男不入，女不出。" "男不言內，女不言外"（《禮記·卷第二十七·內則》）。女子受規則的約束反而使她們潛心於衣裳的創造提供了可能（圖 145、圖 146）。同時，中國封建禮教中，德、言、容、工 "四德"，直接影響着內衣的造物理念。所謂"四德"最早見《周禮‧天宮‧內宰》："九嬪掌婦學之法，以教九御。婦德，婦言，婦容，婦工。"鄭玄作注曰："德謂貞順，言謂辭令，容謂婉娩，功謂絲枲。"班昭解釋得更為具體："夫云婦德，不必才明絕異也；婦言，不必辯口利辭也；婦容，不必顏色美麗也；婦工，不必工巧過人也。"這裡所說的"婦工"即內衣創造工作，其中也包括紡織、縫紉、刺繡等工作。《禮記‧內則》言女子"執麻枲，治絲繭，織紝組，學女事，以共衣服。"女德中"婉娩"的"婉"，順也，婉娩即柔順，班昭將其具體到"服飾鮮潔"、"身不垢辱"，和鄭注略有出入，但直言不必美麗，還是領會了精神的。大概美色使人沉溺，《列女傳‧孽嬖傳》所載的妹喜、夏姬之輩，都是美於色，而薄於德，禍及亡國。《辯通傳》的鍾離春、宿瘤女諸人，貌醜而德盛，卻"名聲光榮"。作為服飾中的內衣不宜露、透而規避身體，均受女德的影響與制約。

中國古代女性在內衣造物的過程中，有着獨特的身心境界。獨特之處在地位與權力上，她們從順於被支配的狀態。"哲，哲夫成城，哲婦傾城"（《詩經‧大雅‧蕩之什》），明白指出女性有智能、善言辭都有危險性，女性參政會亡國。"赫赫宗周，褒女以滅之"（《詩經‧小雅‧祈父之什‧正月》），"男尊女卑"（《周易》）。在形象標準上要求女性"終，終溫且惠，淑慎其身"（《詩經‧鄭風‧燕燕》），美與德兼備的淑女，而以品德為尤重。在生育責任上，宗法理念賦予女性生育的責任。《詩經‧周南‧桃夭》全詩均以結實纍纍的桃實，暗示女性的生殖能力，提出評定女性責任的標準。在家庭事務上以農田，蠶織，紡績為正務，女子以留在閨房中照顧家人與勤操紡績為先。在婚姻問題上，女子終而受制於男性，"女殆癡情者，未免一矣再矣，至於不可說，轉欲援情自戒"。（《詩經‧原始‧評論》）古代的閨閣女性，因為無法同男子一樣在社會上出頭露面，閒坐在閨閣中，同社會、異性接觸的機會很少，所以閒來無事，只好哀怨自憐。而且女性對於情感的要求特別純粹和完整，幾乎構成了生活的全部內容，對感情的期望也是女性容易顧影自憐的重要原因（圖 147、圖 148）。

　　正因中國古代女性身份的規定性與制約，她們在經營與創造內衣上既注重女德的制度約束，也注重對"心"的表現。這裡的"心"就是"覺解"，"覺"是自覺，"解"是了解，正如馮友蘭先生所言："人生是有覺解的生活，這是人之所以異於禽獸，人生之所以異於別的動物的生活着。"覺解着的心也就不是大腦的活力，而是一種知覺靈敏，是心與內衣之物相通的那種特質，也可以說是精神，人將其知覺靈敏充分發展，即"盡心"（馮友蘭語），盡心也就是具備境界。中國女性內衣造物的境界分別體現於功利境界與天地境界。

　　內衣造物的功利境界，所為利的核心內容是自覺地追求對"心"的淨化並將內衣視作身份與財富的一部分，來體現自身的身價與地位。體現功利境界所表達的內容有消災、節慶、祈盼等（圖 149）。

　　內衣造物的天地境界，反映為中國女性視內衣創造行為是"事天"的一部分，與天地參，與天地比壽，與日月齊光，以知天、事天、樂天、同天來對應天地人。使天地合德，以求天人合一，物我交融。

　　所謂"天"，所謂"人"，在不同時代，不同思想家的不同語境下，含義也有所差異。如"天"有時帶有超自然的神性，指天帝、天命等，有時卻又指客觀自然現象，有時又指人自身的自然本性。但總的來說，"天"是指不以人的主觀意志為轉移的必然性、客觀性以及自然界，而"人"則是指人的主觀能動性、人的精神意志、人的生產活動、人的社會活動和人的創造。在西方文化中，主觀和客觀、人與自然的二元對立，是個預設的前提，用中國的話來說也就是天與人、物與我是二元對立的。而中國傳統思想則持一種"上下與之天地同流""天地與我並生，萬物與我為一"的觀點，比較傾向於強調天與人、物與我之間的密切關係和不可分割性，強調"天人之際，合而為一"，認為既可以"萬物皆備於我"，容納客觀於主觀，也可以"今者吾喪我"，消融主體於客體。從哲學觀上來說，"天道"與"人道"是貫通的，"人道"乃是"天道"的顯現並且以實現"天道"為價值旨歸（圖 150）。

147 / 肚兜 / 以蝶、蓮、孩童等形象寄寓對愛情和婚姻的美好期盼。

148 ／胸衣／以兩組人物來反映對愛情和家庭生活美好的追求。

149 ／肚兜（局部）／牡丹與花瓶的組合表示"富貴平安"，周圍飾以鹿、獅子、書等紋樣，寓意擁有財富、祥瑞、才學等美好事物。

150 ／胸衣／民國，複合式提花緞地胸衣。前片下擺為圓弧形，後片下擺為直綫形，寓意"天圓地方"。

① 天人合一的原始思維

　　中國內衣的文化源自先民的觀天察地活動，是一種創造中師法自然、認識與體悟中對應自然的結果，其目的在於通過以物類情的方法來貫天通地而融會萬物之中。《周易·系辭下》："古者庖羲氏之王天下也，仰則觀象於天，俯則觀法於地。觀鳥獸之文，與地之宜，近取諸身，遠取諸物，於是始作八卦。以通神明之德，以類萬物之情。"從這我們可以看出，內衣造物對天人關係的思考，是中國文化的原初起點也是終極目標。天人合一既是中國文化追求的最高境界，也是內衣在文化層面上所設定的人生理想，天人合一的理想命題滲透中國內衣的各個層面，涉及內衣創造者的自然觀、認識論、人性論與宗教觀多個方面。

　　中國文化天人合一中的"天"是指天地自然萬物、人的自然本性與自然規律；"人"是指社會化及群體化的人和社會、精神及社會規律；"合一"是指二者互相交合、對應、協和的同一，此中有彼的滲透交融而物我一體的狀態。天人合一的基本內涵反映在人和自然的親和互融及人的意志、理想、品格和自然規律的同體與共，反映在天道與人道、自然規律與人類社會規律的合二為一。

　　中國內衣天人合一認識的形成，是以象徵性為原始思維而構架的。在古人看來，萬物有靈，日出日落、潮起潮落、春夏秋冬、陰晴雨雪、花開花落的自然規律與人一樣，都是一種生命現象，事物都具有與人相似的靈性與生命。"萬物有靈"觀中"靈"集中體現在原始思維和象徵性特徵之上，是借用某一事物來表達具有類似特徵的另一事物，也可稱之為"借喻"，一種借用某一事物來解釋所表達事物的思維方式，"擬人"是主要手段，這種情形在內衣中頗為常見。例如：荷包的掛飾穗為"鬚"、虎頭鞋口為"舌"、肚兜為"心衣"、佛手紋樣為"手"、如意紋樣為"頭"（如意頭）、圖騰與圖騰之間的間隔空隙為"脈絡"等，都體現在以"擬人"的手法在文字命名與表述中使物體有人之靈。正如董仲舒《春秋繁露義證》中所言："人有三百六十節，偶天數也；形體骨肉，偶地之厚也；上有耳目聰明，日月之象也；體有空竅理脈，川谷之象也；心有哀樂喜怒，神氣之類也。觀人之體一，何高物之甚，而類於天地……人之形體，化天數而成；人之血氣，化天志而仁；人之德行，化天理而義；人之受命，化天之四時。"天地之間的天人類比，一切都被生命化、擬人化了。正是在這個意義上，"天人合一"觀是"萬物有靈"觀制約下的原始思維結果。

② 天人合一與內衣審美關係

中國文化"天人合一"觀的形成和確立，不僅決定了中國文化發展的基本特性，也確立了中國文化在處理人與自然關係問題上的價值理性，成為中國文化追求的最高境界。這一命題滲透到中國內衣發生層面之後，開始對內衣印記並物化天道與人道合一的理想境界產生影響。

內衣是一種女性以針綫活動來體現的藝術形態，天人合一又是中國文化藝術的神話母體，二者相輔相成構成了中國內衣印證並物化天、地、人與自然的親和關係。在這個意義上，中國內衣不僅是一種語言形式，更是一種有意味的語言形式，表現為物我一體、天人合一及體現濃厚的生命哲學意味。

物我一體，天人合一，是在內衣造物時仰以觀象於天，俯以觀法於地，近取於身、遠取諸物的師法自然的創意活動。例如肚兜以葫蘆形取象於自然界植物形象，前衣下擺的圓與後衣下擺的方對應於天圓地方。這就是以狀其形，使人一望而知其"觀象於天"還是"近取於身"。內衣與中國文化中的書畫藝術是同源同根，從天人自然物象到造物的轉化過程是藝術創作最重要的一環，借天地自然形象來作為造物的仿象是對自然感性生命的一種概括形式，既凝聚了自然，又熔鑄了內衣創造者對自然的理解與寄託。凝聚自然，便可向內吸取自然的神情妙意，將物態神情與自我情感融合一體，為內衣創作提供生命源泉。熔鑄對自然的理解，將自然凝聚並概括成一些富有表現力的形態物象，將繁複的自然抽象化、節奏化、簡約化、形象化，便可使內衣凝聚感性的藝術生命力。二者交相融會，把內衣培植成了一種蘊含生命、顯現物我一體與天人合一的特有形式語言。

　　從中國內衣更深層面來看，內衣造物還顯示出女性社會群體強烈的生命動感與生命意識，是受原始思維和天人合一雙重因素制約的結果，體現出濃厚的生命哲學意味，折射出中華民族傳統的自然觀、人生觀、藝術觀與價值觀，呈現鮮明的民族民間藝術特性。內衣與生命的一體化，體現在用針綫技藝來處置綫條、色彩和構圖，在一個平面或某個平台上表現物象的形象與神韻，來再現現實生活、表達人生、傳達人們審美意識。中國內衣可以說是一種"工藝化的繪畫"與"繪畫的工藝化"，它們共同追求生命的精神，可以不顧表現對象的透視或光影，但不能失去生動活潑與傳神，氣韻生動成了表達生命動感的關鍵，內衣品中結構形態、綫條紋樣、圖騰佈局、色彩配置如同繪畫藝術一樣，注重生命與力的運動來構成創造物的靈魂。例如將虎符造型的孩童肚兜倒置安排、貼布工藝的延綿層疊、繡綫的粗細濃淡、盤長紋與回紋的急速動勢、雲氣紋的疏密飛揚等等，給人以曲直、快慢、硬軟、鬆緊、剛柔的激越興奮之感（圖151、圖152）。

　　中國內衣除了用造物體現強烈的生命動感與生命意識，還重視以此來提升生命、淨化性靈。例如內衣裝飾紋樣中的抽象性回紋、盤長紋、漩渦紋，層層盤旋、曲折迂迴的發展上揚過程，揚棄了一些蕪雜的內容而將生命凝聚保存。同時，還刻意借藝術之筆來刻畫自然景物的性情，使自然景物生靈活趣。

　　中國內衣中凡表現自然景觀或山水花鳥，要的是山水花鳥等自然景物的性情。山水花鳥本無心與性情，而在於創造者給予它"意"的主體內涵。清布顏圖在《畫學心法問答》中說："意先天地而有，萬變由是乎生；善畫者必意在筆先……夫飛潛動植，燦在宇內者，意使然也，如物無生意，則無生氣。"這裡的"意"就是自然的生靈活趣，有了此"意"，自然萬象才生氣灌注而生動活潑。中國內衣的創造意念同樣注重在生命中攫取自然內在的"意"，認

151 / 152 / 肚兜／清中期，仿生虎符衣。以五彩繡、貼布等工藝製作。

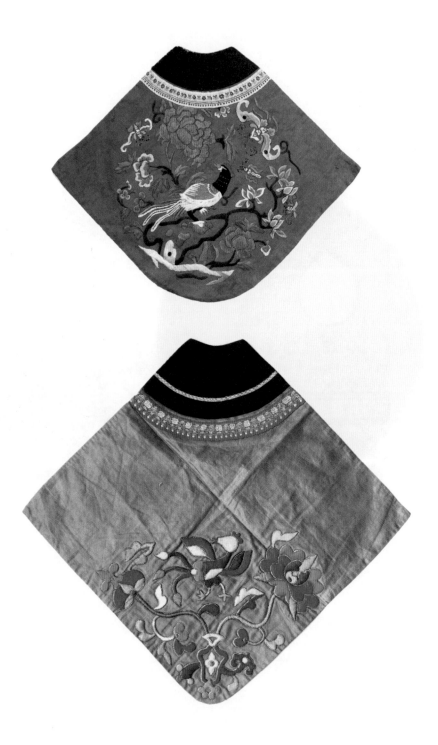

153 / 154 / 肚兜／有 "好鳥枝頭"、"飛上枝頭變鳳凰" 之寓意。即便是抽象出來的
圖騰花鳥，也能被賦予生靈活趣。

155 / 肚兜（局部）／綫描式裝飾手法體現造物中強調 "正面律" 的美學理想。

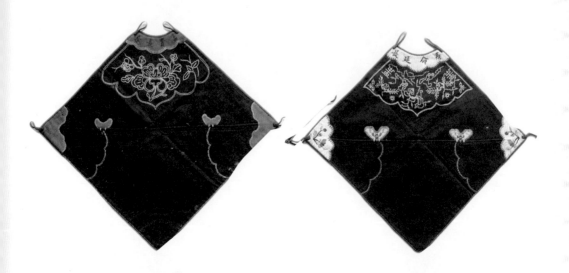

156／肚兜／以平面化、意象化的輪廓及綫條來表現事物，是“正面律”綫描的技
巧與生命力。

157／肚兜／“得其意而忘其形”、“重神而輕形”的美學思維創造出來的圖騰仍然
具有生命的靈動性。

同並體驗它而與之融會一體，然後以自我生命之意與天地之意交相呼應，來與針綫之下的自然萬象生氣貫通，你中有我，我中有你，互為印證和象徵，這樣，內衣便升華到生命存在與生命精神雙重超越的更高境界（圖 153、圖 154）。

中國內衣藝術與美學思想的最大特點是強調"正面律"綫描的技巧與生命力。所謂"正面律"，是指不採用西方觀察與表現物體的透視法而將表現物體平面化、意象化、情感化，以輪廓及綫條來表現物體的法則定律（圖 155、圖 156）。以內衣中圖騰表現為例，它們幾乎都不按照實物或人物的直接寫生來表現對象，而是採用先觀察、記憶，再憑大腦記憶中的表象創作，或直接採用摹稿（花樣）的創作方法。模仿成為內衣最主要的藝術思維形式，它藉助頭腦中的記憶表象再經過添補、刪減來塑造圖騰形象。由此，不追求表現物的形象逼真，而使內衣的圖騰形象由"形"而轉向了"神"，升華到情感與意念的表達層面，體現並對應了中國藝術"得其意而忘其形"、"重神而輕形"的美學傳統思維。中國內衣圖騰的創意採用"觀之於目，了然於心"的外師造化、以形寫神的方法，從觀察到領悟，從領悟到摹寫來描繪對象。這樣，綫描式的"正面律"技巧才成為中國內衣圖騰表現的最貼切方式（圖 157）。

中國內衣在藝術創意層面上還借鑒傳承了中國繪畫的精神，來追求生命綿延之趣，視生命是一個綿延不絕的生化過程。一個內衣作品是一個生命空間，但必須由此孳生出無窮的生命，追求其中的綿延之趣也是內衣不言的秘籍，這個綿延之趣體現在幾個不同的側面：相對於內衣造物來說，各個局部組合要氣脈貫通、動靜相生、虛實相宜，圖騰佈局要氣韻達暢、脈神相通、濃淡互生，由有限的造物布要串聯起無限的生命空間和生命活力；相對於鑒賞或使用者而言，內衣造物布要的主體自我生命和使用者生命通過物象豁然溝通，在一種心領神會、互相觀照中導致了生命無窮；相對於內衣造物表現和未表現（省略）的來看，是指內衣要在物象的有限之物中觀照出物象之外無限之趣，例如內衣圖騰只用一個"盤長紋"來表現生命、福運、財運、時運

158 ／肚兜（局部）／盤長紋的運用，寓意生命、福運、財運、時運的延綿不絕。

159 ／ **160** ／肚兜（局部）／"以形寫神" 並 "傳神寫照" 的美學觀念運用在肚兜紋樣上，人物之鮮活生動，使觀者感到彷彿場景再現、身臨其境。

161 ／肚兜／清晚期，黑地五彩繡三多肚兜。石榴、佛手、壽桃寓意多子、多福、多壽，反映女性無限的想像力和對美好事物的憧憬。

的延綿不絕（圖158），以一種“萬物之多，一物之多，一物一理，雖一物而萬理具”（《中麓畫品‧序》）的獨特理解，來借內衣的造物點化萬物，提升性靈，追求自然生命和理想生命的相融，從而在結構、圖騰、工巧中表現生命造化的無限樂趣。

中國內衣在表現人物肖像的神氣和生命力上，尤其強調以形寫神。沉壽開創的“仿真人物繡”，即以人物肖像為素材，用不同的刺繡針法來表現人物的神韻，通過肖像的形來表現人物的神，它將中國繪畫“以形寫神”的藝術精髓移植其中。“以形寫神”是東晉顧愷之在人物畫領域提出的理論，《魏晉勝流畫贊》曰：“凡生人亡有手揖眼視而前無所對者，以形寫神而空其對，荃生之用乖，傳神之趣失矣。”近之所以為畫則在於“以形寫神”並“傳神寫照”。“傳神”，即將對象所蘊藏之神，通過其形象傳達出來。“照”是可視的，“神”是不可視的，神必須由照而顯現，寫照是為了傳神，寫照的價值由所傳之神來決定，“以形寫神”雖然以“傳神”為目的，但並不忽視形，在傳神的原則下形、神並重。《歷代名畫記》卷一言：“以氣韻求其畫，則形似在其間矣。”（圖159、圖160）

內衣中“以形寫神”的審美追求還同時滲透在上述的“正面律”綫描圖騰的生命力表現之中，尤其是反映在民俗、民間的內衣品上，以強調綫的藝術，強調表情，講究節奏、韻律，給人一種旋律美感。綫描的淨化是經過提煉和抽象而成的，表現的是自然與生命的規律，超脫具象含有的成份，更加自由地表現無限廣闊的人生、情感、理想和哲學。例如一個枝幹上生成不同性質的果實（石榴、佛手、壽桃），它並不合乎現實，但卻將多子、多福、多壽的情感蘊含，通過綫條意趣來“以形寫神”使之充滿生機與活力（圖161）。

以內衣造物來評價女子的才情，也是女德的一部分。在中國傳統社會中，女性角色的定位在很大程度上受到居於社會和家庭主導地位的男性支配。甲骨文中“女”字是一個人跪在地上的形象，“婦”字是一個女人握着一把掃帚。這些文字造型生動地表明從遠古開始，女性的社會地位及其職責就被確立下來了，女性無條件地聽命於男性的意志，女性的活動空間只能圍於家庭內部。《易經》說："天道為乾，地道為坤；乾為陽，坤為陰；陽成男，陰成女；男性應剛，女性應柔。"西漢劉向的《烈女傳》、東漢班昭的《女誡》進一步鼓吹上述觀念，於是女性性格就被規定為卑弱，沒有獨立人格，只能成為攀附在男性這棵大樹上存活的枯藤。這些原則長期作為女性的家庭倫理角色定位，為官方及民間所共同接受，並在實際生活中通過女性的自覺倫理踐履而得到強化。然而，女性對才情的追求與認同始終影響着中國內衣的造物，內衣如同"妝台"、"書案"一樣成為她們表達性別意味的對象。

女性在追求嬌美外貌的同時也注重豐贍的才情表達。才情之洋溢，形之於面目，流之於體態。認為只有具備了"才情"的內蘊才會超越單純的外在皮相之美。中國女性對"才情"的表達自晚明至民國，在肚兜創造中獲得前所未有的推崇（圖 162、圖 163）。

才情的推崇集中體現在以肚兜為代表的內衣藝術中，強調"靈秀"與"柔情"。針黹功夫是禮教傳統評判一個女性的標誌，上至宮廷後妃下至平民女子都必須以此為正業。

162／胸衣／五彩繡對稱紋樣，細膩飽滿，生動有趣，寓意連生貴子、愛情甜蜜。

163／胸衣／民國，以十字編針法將花、鳥、蟲、魚幾何抽象化，描繪春色滿園的
景象。女子的"靈秀"與"柔情"展露無遺。

Part 6

第六部分

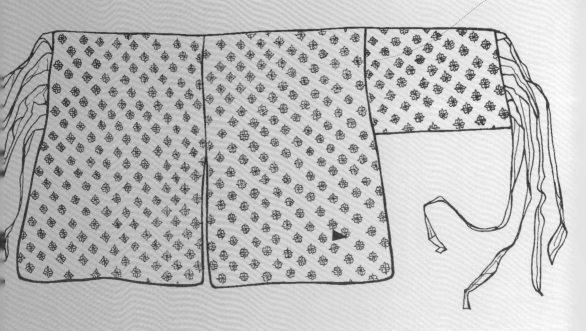

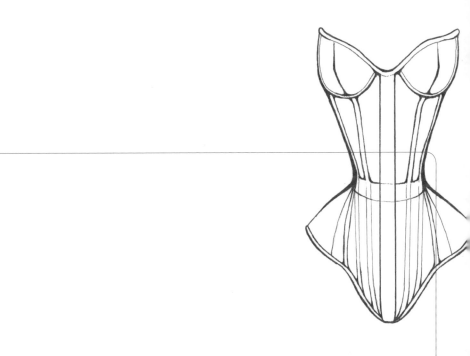

生 活 方 式 的 表 現

習俗，是指人們生活方式中的習慣與風俗形式，是一種生活的規矩。習俗是以一種固有的行為模式出現的，行為模式化是指行為方式具有重複性、連續性和相對穩定性。例如我國的重陽節、端午節、春節、清明節等，均是人們長期形成的風尚與習俗，它涉及到人們的傳統禮儀、宗教信仰、迷信禁忌、生產與生活方式的傳承習慣，體現對先人貢獻、歷史典故、傑出人物的追懷與祈祀。習俗節慶已成為人類傳承風俗與傳說的寶貴文化遺產。

　　中國內衣在生活方式中對習俗與節慶的表達以“象徵式圖騰符號”與“實物式造型符號”為主。象徵式圖騰符號，指內衣藝術的造物中以某個體現習俗特徵要求的圖騰，來對應習俗與節慶的規定性。例如九月九重陽節的內衣上用茱萸紋樣來驅邪辟祟，祈求吉祥。實物式造型符號，指內衣的造物形態與習俗節慶的規定性相關照。例如端午節為孩童着肚兜來避邪消災，祈求平安。

　　中國內衣在不同習俗與節慶時令都會以不同的對應物來觀照所寄託的情感內容，樹正氣、揚美德、顯智慧、鑒善惡，凝聚着女性對美好生活的嚮往與期盼。內衣創造中對習俗節慶的表現具有藝術裝飾的升華特性，運用造物理念與裝飾手段使抽象的習俗節慶更具形象感與生動性。如《女紅餘志》所說：“寂寂中秋夜，含情出玉閨。河長看雁遠，月皎覺暈低。”

一　象徵式圖騰符號

　　“茱萸”紋樣用於九月九重陽節祛避災禍。茱萸是一種茴香科植物，夏日開花，秋日結果。《風土記》：“九月九日折茱萸以插頭上，辟除惡氣而禦初寒。”重陽這一天，人們將它佩帶身上，用來辟除邪惡之氣。重陽節插茱萸之風，在唐代已很普遍，王維《九月九日憶山東兄弟》：“獨在異鄉為異客，每逢佳節倍思親。遙知兄弟登高處，遍插茱萸少一人。"重陽節源起春秋戰國時期，屈原《遠遊》就有"集重陽入帝宮兮"的記載。內衣上用茱萸紋樣來表現九月九重陽節的祛病災禍習俗，最早從馬王堆漢墓出土的辮子股針茱萸紋繡品可看出。

"五毒"紋樣用於五月五端午節的辟邪除疾。在古代五月被稱為"毒月"或"惡月"，是最不吉利的日子，為此人們為了鎮惡辟邪，在肚兜中大量運用"虎驅五毒"的圖騰紋樣來為子女們辟禳邪氣，鎮惡消災，祈求生活平安。宋吳自牧《夢粱錄》卷三："五日重午節。內司意思局以紅紗彩金盞子，以菖蒲或通草雕刻天師馭虎像於中，四周以五色染菖蒲懸圍於左右。又雕刻生百蟲鋪於上，卻以葵、榴、艾葉、花朵簇擁。內更以百索彩綫，細巧鏤金花朵，及銀樣鼓兒、糖蜜韻果、巧粽、五色珠兒結成符袋……不特富家巨室為然，雖貧乏之人，亦且對時行樂也。"五毒紋樣借用了生活中日常相隨的蜈蚣、蠍子、壁虎、蜘蛛、毒蛇五個形象來比擬毒邪，圖騰佈局以虎位於中央，"五毒"繞纏虎的四周，以示虎的神威降服鬼怪邪（圖164、圖165）。

"畫雞"用於正月春節祈福驅魔。古時春節的正月初一，雞是六畜排行第一，《占書》："歲正月一日占雞，二日占狗，三日占雞，四日占羊，五日占羊，六日占馬，七日占人。"生活中的雞因有啼鳴與啄蟲功能，人們藉此來作為吉祥的"五德之禽"。《韓詩外傳》說："雞冠是文德；足後有距能鬥，是武德；敵在前敢拚，是勇德；有食物招呼同類，是仁德；守夜不失時，天明報曉，是信德。"肚兜上同樣以"畫雞"的圖騰來對應春節習俗的祈福驅魔內涵，寄寓生活的美好理想（圖166、圖167）。

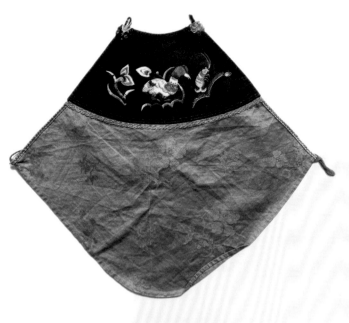

164 / **165** / 肚兜（局部）/ 很多肚兜用 "虎驅五毒" 的圖騰來為子女祈福，以求辟邪、鎮惡、消災，為端午節時令所穿着。

166 / 肚兜 / 雞食蟲，招呼同類，表達對仁德傳統精神的頌揚。

167 / 胸衣 / 民國時期，複合式大紅綢地胸衣。雞與牡丹的組合，表示 "功名富貴"。寄寓對美好前途與生活的嚮往，為春節時令所穿着。

二 實物式造型符號

　　正月初一用紅肚兜是除舊佈新、祈福求吉的一種習俗表現模式（圖168）。《夢粱錄》："正月朔日，謂之元旦，俗呼為新年，一歲節序，此為之首。"王安石《元日》："千門萬戶瞳瞳日，總把新桃換舊符。"在歲首之始，人們在貼春聯、放鞭竹、討口彩、祭灶神的同時，用紅色肚兜伴以中國結來使生活萬象回春。紅色絲綢面料的肚兜在春節為男女所共用，以此祈願一年安康、風調雨順，來年生活有金壽富貴之吉祥，集喜、福於一身（生）。肚兜上的結，亦稱盤長結，每個結從頭到尾都是用一根紅色繩綫編結而成，它始於唐代的男女間交往之寓意。從字形上分析，右邊的"吉"代表男歡女愛，吉祥之事，也用同心結、合歡結、相思結、鴛鴦結、連環結的稱呼，至今仍被廣泛運用。

　　端午節穿肚兜與佩戴香袋是習俗的一大特色，肚兜與香袋成為端午節習俗中一種辟邪消災的吉祥物。每逢端午節，尤其是婦女和兒童，都時興穿肚兜佩帶香袋（亦稱香包、香荷包），人們藉此來憑弔與追念詩人屈原，並以此驅邪辟疫，成為女性在觀賞玩味之餘對幸福吉祥的祈願。《古玩指南續篇》對香袋有這樣的描述："無論貧富貴賤，三教九流，每屆夏日無不佩帶香袋者。如不佩帶宛如衣履不齊。在本人，心意不舒，在應世，為不敬。下級社會人士，亦必精心購製，繡花鑲嵌，極人力之可能；富貴者尤爭奇鬥巧，各式各種精妙絕倫。"端午時節搭配內衣的香袋，形態極為精緻多彩，外形有葫蘆、老虎、貓、魚、兔、桃等不同表達吉祥含義的造型。到了宋代，繡袋更具功能化，袋內裝有雄黃、艾葉、冰片、藿香、蒼術等中草藥，在裝飾寄寓的同時，更有殺除病菌、消除汗臭、清爽怡神的實用價值。可見，中國內衣系統中的肚兜伴吉祥結、肚兜伴香袋，如同西方內衣系統中胸衣伴絲襪一樣，是生活方式的程式表現（圖169、圖170、圖171）。

中國內衣應端午節的實物式造型符號寄情，還有"蟾蜍花裹肚"的習俗。端午節在西北陝西一帶也稱為"女兒節"，傳說這個節日源於女媧時代屬於母親的節日，這天娘家要給出嫁的女兒送端午禮，俗稱"送裹肚兒"（一種扇形肚兜），其中代表性的繡有蛤蟆（蟾蜍）畫的裹肚為必不可少的禮物。當地稱女娃是"蛤蟆娃娃"，一說她們是女媧氏的後代，二說她們有女媧氏一樣的生殖能力。送蛤蟆裹肚的蛤蟆形象是女媧部落的圖騰標記，以此圖騰形象做保護裹肚是有辟邪意義，寄託母親心中對女兒的祝福（圖172）。

三 叫魂的道具

中國內衣的習俗方式中，以內衣作為叫魂的道具也極富民俗性。叫魂源自招魂。招魂，是古代漢族地區流行的一種喪葬風俗。人們在家人初死時，到屋頂上去招回其靈魂。這一習俗，《禮記》中早有記載，可見其古，"招魂時呼叫死者之名，每為三聲，或舉壽衣，或懸招魂幡條"。（《中國風俗辭典》）招魂這一古俗後又有發展演變。在南方的民間，認為小兒受驚啼或生病，也是丟了魂的緣故，所以也行"叫魂"之俗。一般是有兩個人行"叫魂"，前者手舉病孩乾淨內衣（圖173），一邊走一邊叫小兒乳名，後者雙手端隻盛滿清水蓋有黃裱紙的小碗，一路走一路以"噢"應答前者的呼喚。到了認為被驚嚇或丟了魂的地方，以手持的內衣撲騰數下，即是收魂（陳勤建《中國民俗》），然後，收藏好內衣，再一路叫喚着小兒乳名走回家去。回去第一件事便查看碗上黃裱紙下是否有圓形氣泡，若有即說明魂已歸來，將碗置於小兒枕邊伴他（她）入睡，第二天就會靈魂附體。若無，則再行一遍。內衣成為"叫魂"的工具，在於它是直接依附軀體的物體，叫魂習俗中將它當作被叫魂者軀體

168 / 肚兜 / 紅肚兜體現了辭舊迎新、祈福求吉的習俗。"富貴春"字樣更表達了對富足美滿生活的期盼。

169 / 肚兜 / 用繡、貼、盤的手法來使肚兜工藝爭奇鬥艷，下部用兜袋來存放中草藥除疾。

170 / 171 / 肚兜（局部）/ 分別繡以貓、葫蘆、魚，表達富足有餘等吉祥含義。

172 / 肚兜（局部）/ 蛤蟆圖騰反映對生殖的崇拜，並帶有辟邪鎮惡的功能。

173 / 肚兜 / 肚兜也是"招魂"的必備道具。

與靈魂的比擬物，具有體香與個人靈性的內在衣飾成了“魂”的化身。

四　傳達生育意願

　　中國古代女性借內衣之物來傳達生命理想中的生育意願，鮮明而直率，“百子圖”及“獨佔鰲頭”等裝飾圖騰的肚兜都清晰地反映出古代女子對生育祈盼的動機與意願（圖174、圖175）。生育是中國古代女性生命中的重要內容之一，而生育傳嗣在儒家思想中又以“孝”為最高體現。在孔子學說中，“孝”首先意味着生育傳嗣，延續香火。孔子說：“生，事之以禮；死，葬之以禮，祭之以禮。”顯然沒有子嗣，祖宗祭祀就會結束，香火就會斷絕，為人子者要做到孝，就必須生育兒子以延續宗嗣。對此《孟子‧離婁》言：“不孝有三，無後為大。舜不告而娶，為無後也；君子以為猶告也。”關於不孝的“三事”，趙歧的注釋是“阿意曲從，陷親不義，一也；家貧親老，不為祿仕，二也；不娶無子，絕先祖祀，三也”。在孟子看來，絕育無後是比陷親不義、不光宗耀祖更為不孝的事。

　　以“百子圖”肚兜為例（圖176），多生多育、多子多福的生育意願在我國歷史悠久。早在周代的歌謠中，像“螽斯羽，詵詵兮，宜樂子孫，振振兮”，“卑爾昌而熾，卑爾壽而富”之類子孫繁昌的祝福便俯拾即是。以後，由於歷代統治者的提倡，多生多育意願更加深入人心。墨子通過反對“重喪”、“蓄私”等一些不利於生育的習俗和制度表達了該學派強烈的多育意願：“君死，喪之三年；父母死，喪之三年；妻與後子死者，五皆喪之三年。然後伯父、叔父、兄弟、孼子其，族人五月，姑姐甥舅皆有數月。”越王勾踐曾“令壯者無取老妻，令老者無取壯妻”，並大力獎勵生育，特別是獎勵多胎生

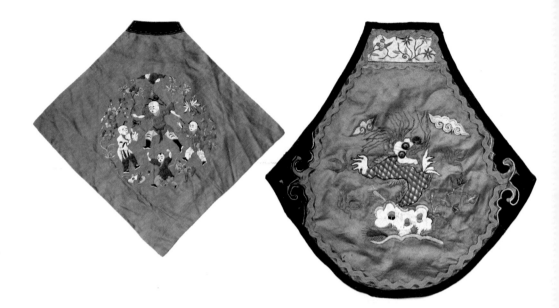

174／肚兜／"百子圖"圖騰表達生殖崇拜，以求延續宗嗣。

175／肚兜／繡以"獨佔鰲頭"圖騰，寓意美好前程。

176／肚兜（局部）／"百子圖"表達多生多育、多子多福的祈盼。

177 ╱肚兜╱兒童肚兜，反映母親對孩子錦繡前途的美好祝願。

育：“生丈夫，二壺酒，一犬；生女子，二壺酒，一豚；生三人，公與之母；生二人，公與之餼。”這是說，一胎多子的，公家幫助撫養。漢高帝規定“民產子，賦勿事二歲”，意即百姓生子，可免徭役二年。在這些思想家、政治家的多生意願影響下，追求多子女成了我們民族生育心理的一大特點。

以“獨佔鼇頭”肚兜為例（圖 177），儘管多生意願是我國歷史上生育意願的主流，但少生少育意願也一直不絕如縷地與之並存着。韓非認為“古者，丈夫不耕，草木之實足食也；婦人不織，禽獸之皮足衣也。不事力而衣食足，人民少而財有餘，故也不爭”，“今人有五子不為多，子又有五子，大父未死，而有二十五孫。是以人民眾而財貨寡，事力勞供養薄，故民爭”。他因社會財富增長不如人生育繁殖快而持少生意願。王充說：“婦女疏宇者子活，數乳者子死，何則，疏而氣渥，子堅強，數而氣薄，子軟弱也。”他因多生多育會降低新生人口素質持少生意願。他的樸素的觀點中包含着科學道理。現在遺傳科學證明，多生會造成婦女身體虧虛，使子女病弱，並且缺乏生物學優勢。唐代王梵志把少生的意願凝聚在詩句中，他寫道：“生兒不用多，了事一個足。省得分田宅，無人橫煎爨。但行平等心，天亦念孤獨。”他所表達的生育意願已與我們今天提倡的子女不在多，而在於日後有造化，能成為才子完全相符。

五　胸衣與衛生

胸衣與衛生是西方生活方式中一直被關注的話題，從緊身胸衣誕生之日起，醫學界與社會學者從未停止對它有損女性健康的批判。同時，西方女子把許多疾病的產生都歸咎於緊身胸衣，從癌症、內臟移位、呼吸系統和血液循環系統衰敗、肋骨斷裂以及刺傷等內科疾病，到脊柱彎曲症、肋骨變形、生理缺陷這類外科疾病以及孕婦流產、婦科疾病等，均歸結於緊身內衣對人體的損害（圖 178、圖 179）。

《人造自然與恐怖時裝》（1814 年出版）是盧克·利姆奈抨擊緊身內衣的著名文章，其中列舉了 97 種由於穿着緊身內衣所導致的疾病，並且請知名的醫學人士加以證明。這些患病種類細分相當繁複，例如"坎珀醫生論證了……病魔纏身和生命短暫"，"博諾醫生論證了……頭痛"等等，不勝枚舉。從這些病症中我們可以看出，緊身內衣的穿着部位與方式有可能對於心肺、胃臟等腹腔中的器官造成不良影響。然而，緊身內衣真的可以導致器官的畸形與發育不良嗎？我們的肋骨會由於緊身胸衣的外力而變形縮小嗎？經過一系列不同大小緊身胸衣穿着的對比，證明緊身胸衣勒得過緊的話，的確會造成肋骨的向上和向內移動，最終導致身體骨骼的變形（圖 180、圖 181）。

另外反對緊身內衣的輿論也在不斷增加。1827 年，美國醫生警告說："緊身內衣是一種迷惑別人的慢性毒藥，但卻又有着獨特的誘惑性的殺傷力，無論是年少或年長的女性都被它所迷惑，緊身內衣已經成為一種時尚，人人都要忍不住去穿上它（圖 182、圖 183）。事實上，緊身內衣不僅是一個殺手，還是一種罪惡，會把那些穿着的人一起帶入墳墓。"

《縱慾和束腰》（奧森·福勒作於 1846 年）這部小說詳細地描述了醫學界、科學界是如何共同反對穿着緊身內衣的。從書中分析得出，由於穿着緊身內衣，會導致全身血液不暢，那些鬱結的和渾濁的血液會流竄到大腦中樞神經中，使穿着它們的人異常興奮，以至於被緊身內衣所迷惑，使人產生非分之想，同時穿着者會變成意志薄弱和瘋狂的人（圖 184）。福勒在書中還勸說女人們不要被這種時髦淫蕩的內衣所迷惑："上帝的創造不是旨在讓世人去討好別人，也不是讓那些流氓勾引你，而是讓你成為妻子和母親。"

進入 20 世紀後，女人們最終被醫學界對緊身內衣的反對觀點所說服，緊身內衣開始變得不那麼時髦了。雖然這種言論對緊身內衣的發展起到了抑制

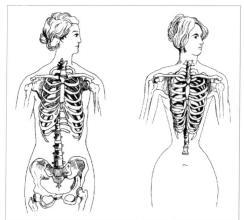
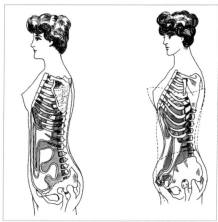

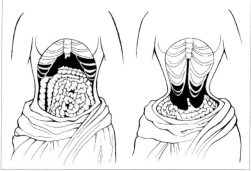

178／插畫（摹本）／1793 年，穿緊身胸衣前後女人的骨骼對比圖。

179／插畫（摹本）／1908 年，由福洛韋爾博士繪製，穿緊身胸衣前後身體變形對比圖。

180／《束身的花花公子》（摹本）／1819 年，說明這時候有一部分愛趕時髦的男子也穿緊身胸衣。

181／插畫（摹本）／長期穿着緊身胸衣導致骨骼和內臟嚴重畸形。

182 /《完美腰身，過於苗條》（摹本）/ 1898 年，吉爾‧貝爾。諷刺女人們過度要求“完美”的虛榮心。

183 / 插畫（摹本）/ 諷刺穿着緊身胸衣簡直就是受虐行為。

184 /《時髦內衣受難者》（局部摹本）/ 1877 年。作者明顯表示了對緊身胸衣的反感。

作用，但是在 20 世紀初的時候一些設計上的改變緩解了這一問題。雖然很多人還從事着緊身內衣的改進製作工作，但其中的內茲‧加爾——莎洛特夫人（Sarrautte）是一位具有醫學學士學位的法國緊身內衣製造商，她的設計得到了大眾的普遍認同。在莎洛特夫人的設計中，強調了內衣款式的新穎，前身挺直，而且還很衛生。她相信向下和向內壓的內衣的確會造成器官的移位，因此她的改良設計中，前身帶有支撐物又挺直的緊身內衣，會讓腹部保持在原來位置，這使得一切看上去更自然。另外，她設計的內衣領口開得較低，也不會給乳房造成壓力。在這位學過醫學因而有科學頭腦的法國女子莎洛特的引領下，一些內衣製造者以明智的態度改造了傳統的緊身內衣。雖然改動甚小，但是非常關鍵（圖 185）。在當時她把緊身內衣上部邊緣從乳房中部挪至乳房下部，使乳房徹底從緊身內衣的壓迫中解放出來，使穿着者能夠自由發育達到健美，同時不再壓迫呼吸，一時為廣大婦女所喜愛，也為有識之士首肯，最終呼之為"健康胸衣"（圖 186）。婦女雜誌上也有過這樣的描述："巴黎出現了一種新式內衣，非常受歡迎，可以為您打造全新的腰圍與身段。從各方面來講，它比任何老式的緊身內衣都要更衛生更健康，腰圍也不再窄小，新式緊身內衣使胸部更袒露出來，因此為了達到更理想的身材曲度，消瘦的女人不得不在其中放入一兩個絲帶褶皺進行點綴。"然而，這種新產品雖然使得緊身內衣更加趨向健康，但是仍然有某些方面導致了人們的失望。雖然勒得不是很緊，仍然可以塑造出"S"形的曲綫，腹部後靠，乳房前凸，可是也因此後背變成了弧形。另外這種塑形也使得女人的小腹不再明顯，從而得到了一個法語名稱"平腹內衣"。這種內衣由於胸部開口較低，因此對於支撐和抬舉乳房的作用有所減少，所以一些女人又開始在緊身內衣裡穿着有支撐物的胸衣，這種發展趨勢最終導致了現代我們日常穿着的胸罩的產生（圖 187）。

　　反觀中國生活方式中對女性胸乳與衛生的評價，與西方相比有着極大的差異。首先中國內衣迴避對胸乳的表現，即便 20 世紀初中國女性"解放天乳"

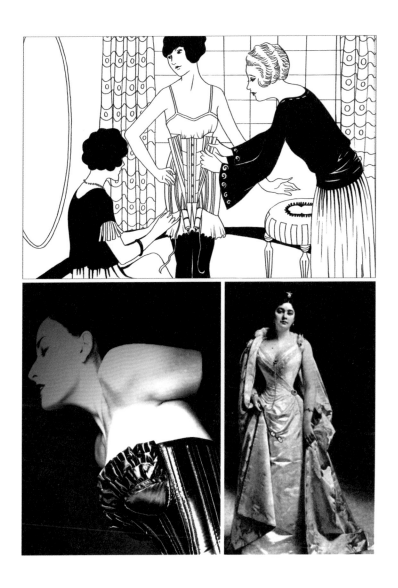

185 / 廣告招貼畫（摹本）/ 1921 年，為實用性前開襟緊身內衣作宣傳。

186 / 復古風格的緊身胸衣 / 復古型緊身胸衣，這種支撐物下移的緊身胸衣不會對乳房造成擠壓。

187 / 穿緊身胸衣的女人（照片）/ 受緊身胸衣擠壓後的身體已與自然身體有明顯差別，卻是當時人們所追捧的體形。

的運動，也只不過是一種理想大於現實的實驗。

我們知道，在中國古代，乳房歸入隱私，很少提及，與西方內衣那樣表現乳房更是大相徑庭。上古描寫美女的詩文，無微不至，然而基本都迴避了乳房。《詩經‧碩人》寫女子的手、皮膚、頸、牙齒、眉毛、眼睛，不提乳房。司馬相如《美人賦》寫東鄰之女"玄髮豐艷，蛾眉皓齒"，沒有乳房。曹植《美女篇》和《洛神賦》也是如此，尤其《洛神賦》，鋪排華麗，堪稱對女性身體的詳盡描述，可是胸部闕如。謝靈運《江妃賦》也一樣，對胸部不讚一詞。六朝艷體詩，包括後世的詩詞，盡情歌頌女子的頭髮、牙齒和手，對女性乳房視而不見。敦煌曲子詞倒是提到乳房，例如："素胸未消殘雪，透輕羅"，"胸上雪，從君咬……"不過，它們反映的是西域新婚性愛的習俗。在華夏文化中，乳房沒有成為審美的對象。

在古代筆記裡，可以見到乳房的蛛絲馬跡。《漢雜事秘辛》描寫漢宮廷對梁瑩的全身體檢，堪稱巨細無遺，居然提到她的乳房只有"胸乳菽發"四字。菽是豆類的總稱，大約形容她的雙乳剛剛發育，彷彿初生的豆苗，非常嬌嫩。另外，《隋唐遺史》等多種筆記記載了楊貴妃的故事，說是楊貴妃和安祿山私通，被安祿山的指甲抓破了乳房，她於是發明了一種叫"訶子"的胸衣遮擋。又傳說，楊貴妃有次喝酒，衣服滑落，微露胸乳，唐玄宗摸着她的乳房，形容說："軟溫新剝雞頭肉。"安祿山在一旁聯句："滑膩初凝塞上酥。"唐玄宗全不在意，還笑道："果然是胡人，只識酥。"安祿山描寫的是乳房的觸覺，未免過分，褚人獲《隋唐演義》便評論說："若非親手撫摩過，那識如酥滑膩來？"

房中術是專門講性愛技巧的，漢唐最盛，其中也極少涉及乳房在性愛中的作用。如何選擇好女，《大清經》等書列舉了耳、目、鼻、皮膚等標準，對乳房卻不作要求。《玉房秘訣》倒是說了乳房，然而是"欲禦女，須取少年未生乳"，竟排斥了乳房。乳房在上古和中古性愛生活中都顯得無足輕重。

宋代以後，房中術的著作少了，然而春宮畫和情色文學發達起來（圖

188／春宮圖（摹本）／強調大紅肚兜與雪白酥胸的映襯，迴避乳房表現。

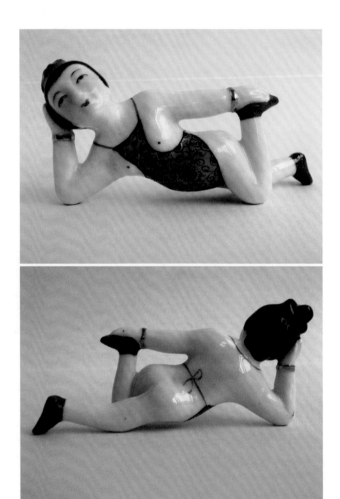

189 ／**190**／瓷器藝術品／以肚兜為裝飾元素的瓷器藝術品，對身體的表現極為
開放。

188）。春宮畫並不強調女子的胸部，乳房也不豐滿。情色文學裡對乳房的描寫也簡陋得不像話，通常是"酥胸雪白"、"兩峰嫩乳"，便敷衍了事。《浪史奇觀》裡，"浪子與妙娘脫了主腰，把乳尖含了一回，戲道：'好對乳餅兒。'"《喬太守亂點鴛鴦譜》：玉郎摸至慧娘的胸前，"一對小乳，豐隆突起，溫軟如綿；乳頭卻像雞頭肉一般，甚是可愛。"《株林野史》描寫子蜜與素娥調情，算是在乳房上大做了文章："因素娥只穿香羅汗衫，乳峰透露，遂說道：'妹妹一雙好乳。'素娥臉紅了一紅，遂笑道：'哥哥你吃個罷。'子蜜就把嘴一伸，素娥照臉打了一手掌道：'小賊殺的，你真個吃麼？'子蜜道：'我真個吃。'遂向前扯開羅衫，露出一對乳峰，又白又嫩，如新蒸的雞頭子。乳尖一點嬌紅，真是令人愛煞。"還有《紅樓夢》書中塑造了一群美麗女子的形象，可是我們全不知她們的胸脯大小。尤三姐施展性誘惑時，"身上穿着大紅小襖，半掩半開的，故意露出蔥綠抹胸，一痕雪脯"，僅此而已（圖189、圖190）。

中國內衣對胸乳的表現，歷朝歷代均以束胸的方式來追求古典審美意識中的含而不露，正如《紅樓夢》中尤三姐那般"蔥綠抹胸，一痕雪脯"。人們普遍認同好的胸乳是小乳，古代也稱"丁香乳"。張愛玲在《紅玫瑰與白玫瑰》中描寫過古典的美乳："她的不發達的乳，握在手裡像熟睡的鳥，像有它自己的微微跳動的心臟，尖的喙，啄着他的手，硬的卻是酥軟的，酥軟的是他的手心。"這種傳統的束胸習俗，在20世紀初激進文化健將的鼓吹及西方風格的影響下，加之風起雲湧的革命浪潮，漸漸地被徹底顛覆。這種與傳統習俗的抗爭成為禁止纏足後，婦女解放的最大一次革命。此時，胡適剛剛回國，在中西女塾畢業典禮上，作了著名的"大奶奶主義"的演講。他提出："沒有健康的大奶奶，就哺育不出健康的兒童！"上海剛創刊的時尚雜誌《良友》刊出了胸罩專題，介紹歐洲女性胸罩的式樣與使用方法。這像重磅炸彈在時髦女性中開了花。滬上百貨紛紛引進這些"舶來品"，將其擺放在櫥窗最醒目位置。太太小姐、新女性、交際花爭相搶購至脫銷。

在乳房的解放過程中，有一個不得不提的人物，他就是張競生。廣東饒平人，留法歸來後，任北大哲學教授。1923 年 4 月 29 日，張競生在北京《晨報》副刊發表《愛情的定則與陳淑君女士事的研究》一文，引發了中國歷史上第一次關於愛情的大討論，吸引了梁啟超、魯迅等著名人物參加。在長達兩個月的討論中，他受到了多數人的批評，但從此聲名遠播。1924 年，張競生的《美的人生觀》講義在北大印刷，這是一部充滿小資產階級思想的講義。在《美的性育》一節中，他倡導裸體：裸體行走、裸體游泳、裸體睡覺等，認為"性育本是娛樂的一種"，並十分詳盡地介紹了"交媾的意義"和"神交的作用"。讓理學籠罩的中國為之一顫的張競生，成了乳房解放的輿論引導者："束胸使女子美的性徵不能表現出來，胸平扁如男子，不但自己不美，而且使社會失了多少興趣。"一時間，大家閨秀開始悄悄放胸，讓乳房自由呼吸，自主生長。當時，新聞媒體稱為"天乳運動"。1926 年，北京、上海各發生兩件轟動性的"桃色新聞"：一是張競生公開出版了《性史》一書，大談"性的美好"；二是上海美專校長劉海粟"慫恿"第十七屆西畫系採用裸體模特，並在畫展公開這些"裸體淫畫"。為此，社會譁然，報刊學界紛紛聲討。結果《性史》被禁，劉海粟差點被當時佔領上海的軍閥孫傳芳抓起來。他們確實比時代超前了好幾步。林語堂曾經描述過《性史》開賣的盛況：買書的賣書的忙成一團，警察要用水管子沖散人群。《性史》被禁後，坊間盜版翻印不計其數。《國民日報》的副刊也開始介紹起"曲綫美"了。所有這些顯露酥胸的內衣形象，在當時的畫報與招貼畫中比比皆是。

　　中國女性束胸的傳統在 20 世紀初被中斷，西方的"乳房崇拜"漂洋而來，落地生根。即使如此，民國初女人的身體是不能外露的，即使是睡覺，也要穿着長過膝蓋的長背心。一種以平胸為美的審美觀，令女子都以帛束胸。但是，一些追求個性解放的女人開始試穿一種小馬甲代替捆胸的布條。小馬甲最初在妓女中流行，隨後良家婦女也逐漸傚仿，以至成為一種社會風尚。短小的小馬甲前片，綴有一排密紐，將胸乳緊緊扣住，這還是束胸的花樣。但追求開放的女子，也能將緊身小馬甲演繹出風情，採用輕薄紗料製

191 / 1933 年第 67 期《良友》封面 / 模特是一位內衣外穿的女子，盡顯青春活力。

192 / 民國時期 "月份牌" 上內衣的海報廣告。

成背心，外罩網紗，露胳膊現肌膚，因而受到保守人士的攻擊（圖 191、圖 192）。

1918 年夏，上海市議員江碻生致函江蘇省公署："婦女現流行一種淫妖之衣服，實為不成體統，不堪寓目者。女衫手臂則露出一尺左右，女褲則吊高至一尺有餘，及至暑天，內則穿紅洋紗背心，而外罩以有眼紗之紗衫，幾至肌肉盡露。"他認為這是一種淫服，有"冶容誨淫"的副作用，致使道德淪喪，世風日下。要求江蘇省、上海縣及租界當局出面禁止，"以端風化"。1920 年上海政府發佈佈告，禁止"一切所穿衣服或故為短小袒臂露脛或模仿異式不倫不類"，並稱其"招搖過市恬不為怪，時髦爭誇，成何體統"。"故意奇裝異服以致袒臂、露脛者，准其立即逮案，照章懲辦。"女子只要穿着低胸露乳，裸露胳膊、小腿的服裝，就將面臨牢獄之災。

1927 年在中國歷史上，注定是不平凡的一年。政治與文化的發展雙雙受到衝擊，年初國民政府從廣州遷到武漢，武漢一時成為國民革命運動的中心。國民革命運動的迅速發展，震顫着武漢三鎮婦女的心靈。同年 3 月 8 日，國民政府組織二十多萬軍民在漢口舉行紀念三八國際婦女節大會，隨後，軍民舉行聲勢浩大的遊行。突然，名妓金雅玉等人赤身裸體，揮舞着彩旗，高呼着"中國婦女解放萬歲"等口號，衝進了遊行隊伍。她們都認為"最革命"的婦女解放，是裸體遊行。此年 7 月，國民黨廣東省政府委員會第三十三次會議，通過代理民政廳長朱家驊提議的禁止女子束胸案，"限三個月內所有全省女子，一律禁止束胸……倘逾限仍有束胸，一經查確，即處以五十元以上之罰金，如犯者年在二十歲以下，則罰其家長"。隨後，浩浩蕩蕩的乳房解放運動蔓延全國。

Part 7
第七部分

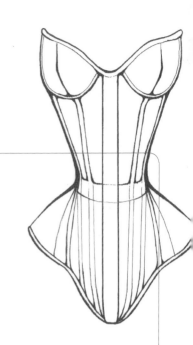

內　衣　的　造　物　理　念

一 美學觀念

中西方內衣造物過程中，首先受到不同美學觀念的影響與制約，諸如西方不同時期的內衣造型，均強調立裁的幾何形塑身，這種幾何式的分割方式與西方人對“數”的比例與和諧理念密切相關，沙漏形胸衣造型的美妙，離不開胸、腰、臀三者之間“數”的黃金分割。

① 數的構造與造型

從古希臘開始，西方人就對“數”的研究情有獨鍾，他們心中的美是與“比例”、“分割”融為一體的。公元前 6 世紀的畢達哥拉斯學派對“數”的理論發展作出了很大貢獻。他們宣揚“數”是萬物的始源，他們認為美就是“數的比例”、“構造的和諧”。“……探求甚麼樣的數量比例才會產生美的效果，得出了一些經驗性的規範……這種偏重形式的探討是後來美學裡形式主義的萌芽”。（朱光潛《西方美學史・上卷》）雖然這些屬於形式主義上的探討，但是我們不能否認，人們對外觀形式的感受是最直接、一目了然的。所以古人想到美在事物上的體現，自然而然就會聯想到整個物體與其部分之間的比例協調上，正如形式美法則一樣，這包括平衡、對稱、變化、統一等等，均需要構成美的和諧、和諧的美。後來的亞里士多德也對畢達哥拉斯學派的形式美持有一致看法。中世紀的聖・托馬斯・阿奎那指出：“美存在於適當的比例。”這種對“比例”的癡迷的研究，延續到文藝復興時期，達・芬奇等一些畫家也著有討論比例的文學作品。“在搜尋‘最美的綫性’，‘最美的比例’之類形式之中，當時的藝術家們彷彿隱約感覺到美的形式是一種典型或理想，帶有普遍性和規律性”。（朱光潛《西方美學史・上卷》）英國經驗主義哲學家休謨也認為“秩序和結構適宜於使心靈感到快樂和滿足”。

在人們對“美”產生了意識之後，對“美”追求的熱情似乎再也沒有減退過。隨着社會的進步以及人們對周圍事物的認識，"美"逐漸成為了一種社會責任。女性向來是美化社會環境的重要角色，當她們被賦予這個責任的時候，同時也必須承擔起這"美麗而艱巨"的任務。在西方，尤其是在 14 世紀文藝復興之後，人們對豐乳肥臀、纖弱細腰的追求，顯然已經成為公眾責任。一個人的儀表是衡量其出身、涵養、社會地位的重要標準，因為這一標準還顯示了出身貴族的非凡地位。由於穿着緊身胸衣能使人身材挺拔、氣質昂揚，行動上的不方便卻帶來了看似優雅謹慎的舉止，因此受到貴族的熱烈追捧。緊身胸衣順理成章地成為貴族的"代言人"，它象徵着"文靜高雅"和"富有教養"，成為了高貴身份和特權地位的標誌。同時，緊身胸衣也意味着嚴謹的道德。因為人們相信束縛了身體，也就控制了性慾。由於盲目跟風，緊身胸衣除了昭顯榮耀和身份之外，也成為了美貌和虛榮的方向標（圖 193、圖 194）。

　　黑格爾認為"藝術美高於自然美"，因為藝術美源於自然美而勝於自然美，它是再造的、升華的自然美。黑格爾這句話幾乎是對緊身胸衣使用者最有力的支持，雖然他本人提出這個觀點的原意並非如此。人們深知沒有誰天生是蜂腰，既然得不到上帝的眷顧，就只有依靠後天的努力，來盡量修飾、彌補自己的不足。當時對於穿着緊身胸衣的女性身體，人們把它稱作"藝術品一樣的身材"，這不單純是對具有曲綫美感的身材的讚美，而是已經上升到了"高雅的氣質"的境界（圖 195）。正因對強烈外形的追求和對再造的藝術美的追捧，使得緊身胸衣在服裝史的舞台上佔據了四百多年的不可取代的重要地位。

② 物神合一

　　而在遙遠東方的中國，人們對於美的追求顯然與西方的觀念大相徑庭。中國人對美的追求多與人的情感、價值理想、人生寄寓緊密相連。美學觀念上，講究"似與不似"之美，講究清新的自然美，講究富有韻味的情趣美，講

193 /《做公主時的伊麗莎白一世》（油畫）/ 1542 年—1547 年。緊身胸衣是身份與權貴的象徵符號。

194 /《羅伯特・達德尼 ——列斯特的伯爵》（油畫）/ 約 1575 年。緊身胸衣成為昭顯榮耀的載體。

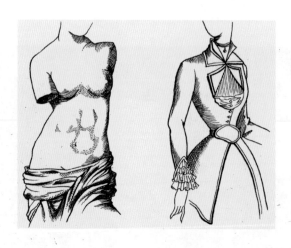

究真、善、美的統一美以及"天人合一"的和諧美。中國美學與西方美學不同，不講究嚴謹的數理概念，而是注重事物的神態、氣韻、意趣，正如南齊謝赫提出的六法論，便將"氣韻生動"放在第一位，強調刻畫對象的精神面貌以及內在氣質的外顯（圖196）。所以對於事物刻畫方面，中國人更看重"神韻"的表達，因此"似與不似之美"的美學觀念便早已存在人們心中，雖然這個概念是由後人提出的。

"它們的匯集不僅要把潛伏在原生物象裡的價值、意味、個性透視發現出來，而且還必然會對原生物象極高和極美的境界予以改造和提升，賦予它新的價值、新的意味、新的節奏、新的結構，使其成為一個新的、心靈化了的形象，甚至成為一種觀念、一種精神、一種情感、一種純感覺的象徵（圖197）。這就是'真似'，'真'在我神與物神合一，天與人合一。"（彭吉象《中國藝術學》）

同時，中國藝術反對矯揉造作的假態美，而倡導真實的自然美。正如宗白華先生在《中國美學史中重要問題的初步探索》中所說："中國向來把'玉'作為美的理想。玉的美，即'絢爛之極歸於平淡'的美。可以說，一切藝術的美，以至於人格的美，都趨向玉的美：內部有光彩，但是含蓄的光彩，這種光彩極絢爛，又極平淡。蘇軾又說'無窮出清新'。'清新'與'清真'也是同樣的境界。"彭吉象先生把這段話總結為"中國意境美的又一個特點：自然之美"。

195 /《導致畸形的時裝》（插圖摹本）／1881 年。追求身體像藝術品一樣具有曲綫
美感。

196 /瓷器藝術品／以"和合"圖騰裝飾的內衣。

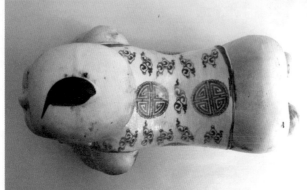

197／陶製藝術品／以"福壽雙全"、"長命富貴"胸衣為裝飾的陶器。

198／**199**／陶製藝術品／胸衣上繪以祥雲、"壽"字、鳳凰等吉祥圖騰，表達對祥瑞事物的祈盼，傳達出中國藝術"天人合一"的審美理念。

中國美學對真、善、美三者統一的追求，其實便是對藝術家自身人格修養的一種提升，是心靈的淨化與升華。因為人們相信作品即是人品、是作者心靈本質的外現，藝術的個性氣質、品格境界都是作者本人內在世界的呈現。中國藝術對於和諧之美、天人合一的追求，是對真、善、美統一的升華，是《樂記》中"大樂與天地同和"藝術哲學思想的體現，是傳統藝術的至高境界（圖198、圖199）。

這些美學觀念在中國內衣上有着鮮明的體現：肚兜上經常運用動物紋樣，雖不是用寫實手法來表現，但經過紋繡者提煉出的動物肖像卻比寫實的動物更令人心生好感，即有似與不似、可細細品味觀摩的審美情趣；從肚兜的尺寸與版型來看，它是輕鬆而隨意的一種服裝，並不對身體加以束縛，而是通過若隱若現的含蓄情調來體現身體的自然美，並且具有護體、衛生、養生的功能；肚兜結構的前圓後方，象徵天圓地方，表達人們追求天人合一的美好夙願；肚兜上的裝飾紋樣，甚至一角一隅都採用人們觀念中的美好事物，比如用梅蘭竹菊四君子表達對人生高尚情操的追求、用鴛鴦蝴蝶表達對恆久愛情的期許、用琴棋書畫來表達對橫溢才華的嚮往等等。

二 結 構 與 範 式

在不同文化和審美的影響下，西方緊身胸衣在結構和工藝上按照一切突出身材曲綫的原則，突出豐胸肥臀以及纖細腰肢，只是時代不同而略有改變。而中國內衣依然秉承自然、和諧，寄寓理想，表達夙願的原則來造物。

① 緊身胸衣

　　受美學觀念的影響，緊身胸衣的設計構造自然要追隨形式美的要求（圖200）。無論是倒錐形還是沙漏形的塑身內衣，其目的都是要塑造出具有美的比例、美的曲綫的女性身體，而它們本身的結構就需要遵從一定的"數"的規定性，這樣人們才能按照"標準"來調整自己的腰身（圖201）。這種結構和比例不僅使看的人"賞心悅目"，也能使穿着者感到自己擁有真正窈窕迷人的身材。在審美理念的影響下，緊身胸衣成為"女為悅己者容"以及"女為己悅者容"的必備工具，這正是緊身胸衣來勢洶洶以及在女性衣櫥中佔有不可動搖地位的原因。

　　具有視覺衝擊的"X"形服裝結構，體現在西班牙女裝上，表現為上半身使用具有束腰作用的緊身胸衣巴斯克依（basquine），下半身穿着具有誇張裙擺作用的法斯蓋爾（farthingale）。為了獲得具有美感的纖細腰部，在製作緊身胸衣的過程中，必須嵌入大量鯨鬚來整形（圖202）。16世紀後半葉的緊身胸衣為了加強並能較長時間保持塑造體形的效果，通常都將兩片以上的亞麻布和襯布納在一起，並在四周嵌入鯨鬚。

　　17世紀下半葉，法國的一些裁縫（大部分為男性）開始專門為女性製作緊身胸衣（圖203）。緊身胸衣的製作不僅需要技巧，而且也需要消耗大量體力。緊身胸衣一般由亞麻布或者帆布製成，質地非常厚實，為了加強塑形效果，還需要在其中嵌入鯨鬚。將鯨鬚切成若干條厚度均勻的薄片，並嵌入質地緊密的布料中，這確實需要花費一定的工夫（圖204）。

　　到了18世紀中期，為了更好地體現"S"形的美好曲綫，嵌入緊身胸衣中的鯨鬚都是提前按照體形彎曲好的，而此時背後的鯨鬚卻比以前平直，目的是為了壓平突出的肩胛骨，讓背部看起來更挺拔漂亮。緊身胸衣前面向下延伸的尖角形狀，起到了在視覺上突出纖細腰部的作用（圖205）。1810年前後的緊身胸衣不再採用以鯨鬚作為調整塑形的方法，而改用將若干多層棉布納在一起，或用膠塗在亞麻布上的新手段，但目的依然是為了擠壓出豐滿的

LES DOMESTIQUES, par A. GRÉVIN.

Le corset de madame,... qué malheur!

Intérieur de la Boutique
d'un Tailleur de Corps

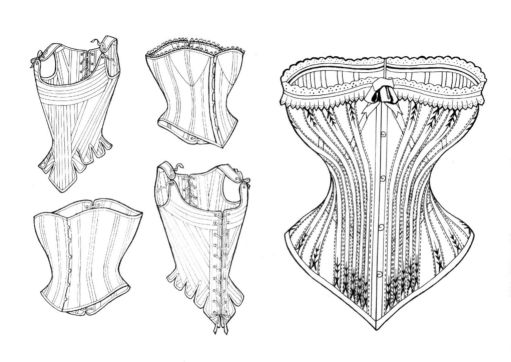

202 ／插畫（摹本）／嵌入鯨鬚的"X"形結構的女胸衣，腰部顯得纖細苗條。

203 ／插畫（摹本）／1893 年，緊身胸衣製作坊。

204 ／緊身胸衣（摹本）／一件件工藝精湛的緊身胸衣都有鯨鬚做骨架，可謂是一件
件藝術品。

205 ／緊身胸衣（摹本）／1868 年，湯姆森設計的適用於戴長手套的緊身內衣。向
下延伸的尖角形狀起到在視覺上纖細腰部的作用。

206 /《研究女性服飾・緊身內衣》/ 1882 年，亨利・德蒙托。緊身內衣廣告畫。

207 / 緊身胸衣 / 各式婦女和兒童用的緊身內衣和緊身胸衣。

胸臀以及纖細的彎腰。

關於緊身胸衣，18 至 19 世紀的實物較為豐富（圖 206）。據資料考證，18 世紀法國和美國的內衣實際腰圍在 53 厘米到 56 厘米之間。19 世紀的緊身胸衣也因不同地區而有不同尺寸，比如日本京都服飾研究所收藏的歐洲內衣中，19 世紀 70 年代緊身胸衣最小的腰圍是 49 厘米。而緊身胸衣研究者瓦萊麗·斯蒂爾曾目睹過腰圍僅有 38 厘米的緊身胸衣。但大部分緊身胸衣的腰圍是在 51 厘米到 81 厘米範圍之中的。雖然當時廣告中宣傳的內衣多為 45.72 厘米到 76.2 厘米之間，但是只要消費者願意多出一點兒錢，她們還是可以買到更大號的緊身胸衣的。所以，即便是 76 至 110 厘米的緊身胸衣，也會比較搶手。而且部分女性在購買腰圍比較細窄的內衣之後，她們在穿着時卻不一定繫緊帶子，而是會放鬆 5 到 10 厘米的餘量。

瓦萊麗·斯蒂爾在《內衣，一部文化史》這本書中提到："萊斯特博物館服務的賽明頓收藏的 197 件內衣中，只有一件內衣的腰圍約為 46 厘米，另外有 11 件的腰圍在 48 厘米左右。而剩下的絕大部分的緊身胸衣的腰圍在 51 厘米至 66 厘米。雖然我們無從得知這些內衣是否是那個時代（19 世紀）的典型尺寸，但至少我們可以從中推斷，當時所鼓吹的 33.02 厘米至 40.64 厘米（約）似乎不太現實。"（圖 207）

其實緊身胸衣的設計並不僅是為了縮小胸圍，胸、腰、臀的比例差加強的情況下，我們的眼睛有時判斷的不一定是實際腰圍。比如與胸、臀比較，看起來 30 厘米的腰圍，說不定實際上有 40 厘米。

19 世紀初，女性使用緊身胸衣的目的將束腰放在了第二位，真正追求的是豐滿的胸部。當時理想的胸、腰、臀三圍比例（單位：厘米）為：94：33：97，或 102：36：97。這個比例的確很令人目瞪口呆，但當時還是會有不少人會以這個比例為目標，強迫自己穿上會令身體變得"畸形"的緊身胸衣。但到了 19 世紀末期，三圍的比例（單位：厘米）一般為 76：51：76、76：58：79、81：56：84 或 84：53：81。

到了 19 世紀末、20 世紀初，緊身胸衣已經發展得較為完善。由於這時期的緊身胸衣較長，所以有種在胸部和臀部加入許多三角形襯布的方法，這很明顯是利用立體裁剪的製衣方式，另外一種就是用若干形狀不同的布縱向縫合出符合人體曲綫的緊身胸衣造型（圖 208）。

至於緊身胸衣到底需要多少鯨鬚（或鯨骨）來支撐，這些鯨鬚嵌入到哪些位置，都是需要根據每個人的體形來考慮的（圖 209）。比如：有些女性身體兩側贅肉較多，就需要在兩側多嵌入一些鯨鬚，將脂肪分散至其他部位；有的胃部比較突出，就須在胸衣前方多插嵌鯨鬚。鯨鬚的嵌入位置有助於塑形美體，一般彎曲、較重的鯨骨片安放在內衣的前部上方，這樣就能夠托起胸部，形成豐滿迷人的胸前風景（圖 210）。

20 世紀之後，人們越來越發現，其實擁有胸、腰、臀三者比例協調的"S"形曲綫才是美的身體（圖 211）。束得過緊的腰部，只會讓人看起來惡心。但是無論緊身胸衣作何變化，都離不開美學理論和審美潮流的引導。因為我們很容易就能發現，幾百年來，它都不會改變豐滿胸圍和纖細腰圍的比例結構。

② 肚兜

中國古代內衣的制式具有合乎人體裝束的自然屬性與社會習俗規定的社會屬性，它所包含的因人定制、因題定性、因俗定款等一系列制式特徵，充分體現着中國古代內衣文化的深邃廣奧。具體到中國古代內衣制式的某一細節，明晰地折射着當時的制度與文化、時潮與觀念。它在制式規則中既有長短、寬窄穿插，又有厚薄、動靜之變，並參與其他服飾的配置來構成裝束的層次化及多樣性。

中國古代內衣在款式、結構的安排與經營中，以平民形態的不同奇巧分割與佈局，在方寸之間流露出獨到的創意理念，平中出奇，平中出神，平中出韻。

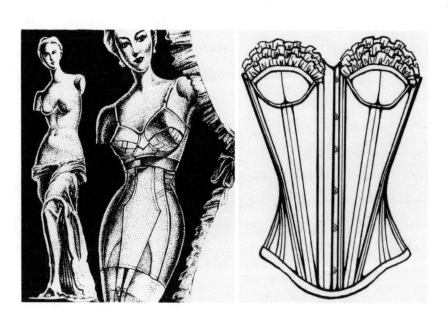

208 /《現代維納斯》（廣告摹本）/ 為精製緊身內衣和胸罩做的廣告。

209 / 復古時尚內衣 / 鯨鬚是根據修正體形的要求再來確定嵌入胸衣的哪個部位。

210 / 配有緊身胸衣的晚裝 / 此為服裝設計師克里斯蒂安‧拉克瓦魯設計的晚裝。
　　　緊身胸衣前方嵌入的鯨鬚很好地將女模特的胸部托起，形成迷人的胸前風景。

211 / 神奇女俠（動漫形象）/ 21 世紀，雖然緊身胸衣仍會被使用，但人們已經不
　　　再要求畸形的細腰，而是倡導胸、腰、臀比例均衡的健康身材。

在不同的平面分割形態中，對胸際、擺式兩大部位的處理頗具匠心。胸際的結構分割以平面式的靜態修飾為主，由分割出形態，形態中見分割。例如如意紋的中心對稱式分割，經倒置安放，構成“如意到心”（圖212、圖213）。

　　擺式分割在平面中顯示運動的勢態，例如，扇形下擺的尺寸放量經過穿着而形成軟性褶紋，有飄逸的神韻（圖214、圖215），與胸際處的靜態處理構成動靜結合的美妙反差。前後擺式的形態一般都為前圓後方，合乎“天圓地方”的“天人合一”理念（圖216）。

　　中國古代內衣經營中的浪漫、精巧、寄寓，不但體現在大的結構塊面上的奇巧與豐富，在細節之處也頗為刻意潛心。在頸、胸、腰側安置繫帶（束帶）的部位，“出境必生情”，“境”指邊緣出梢，“情”指藝術的裝飾處理（圖217、圖218）。不同的細節訴說出不同的理念價值，並參與表達不同的人生態度。例如，心形形態的心心相印、如意紋結構的人生（身）左右如意、回紋形態的生生不息、花瓣形態的春意表現……無不顯示着細節的精巧與內涵的深邃。

　　象形式的中國古代內衣形態結構，指款式造型以某一動植物傳統圖騰的實物形體作為結構外觀的仿生式構成方法，體現一種高度浪漫而富於幻想的創意理念。中國古代內衣在結構上的象形模仿，與圖騰寄寓的內涵一致，均試圖通過圖騰形象來祈福消災，藉此頌揚人生的價值理念。比如：虎符衣——平面展開式的虎形，經變形而顯簡約，四肢分佈於前後肩部兩側，頭部作為下擺的中心，表現虎的神威，左右綫形對稱。目的在於鎮邪去五毒，消災祈平安（圖219）。元寶兜——在兜的底部以元寶造型，一般運用於孩童內衣上。寓意前程財富的源源不斷（圖220）。如意兜——外觀形態以如意形作輪廓造型，有單個“如意”與多個“如意”組合的不同構成。表達對吉祥的祈求寄託（圖221）。蝙蝠衣——外部輪廓如同蝙蝠的形態，通過“蝠”與“福”的通諧來祈求“福到身心”（圖222）。牛舌衣——外形如同牛舌形狀，

212 ／肚兜（局部）／下擺式部位以如意紋裝飾，寓意萬事如意。

213 ／肚兜／胸際以及納梢部位均以如意紋圖騰裝點，胸際部位的倒置如意紋寓意
　　　　"如意到心"。

214 / 215 / 肚兜 / 扇形肚兜下擺易形成軟性褶皺,有飄逸的神韻。

216 / 胸衣 / 清中期,綜合式綢地胸衣。前圓後方的擺式合乎"天圓地方"、"天人合一"的理念。

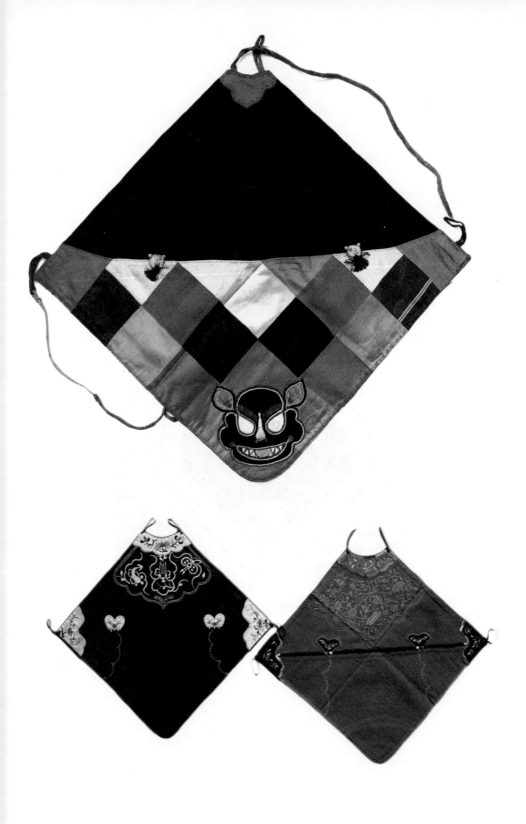

217 ／肚兜／頸部束帶部位用抽象如意紋表達對人生如意的祈盼。

218 ／肚兜／頸、胸、腰側部位的裝飾紋樣反映中國女性在細節之處的精心與浪漫。

219 ／虎符衣／平面展開的虎形，造型可愛而富有意趣。目的在於鎮邪去五毒，消
災祈平安。

220 ／元寶兜／民國，元寶形平紋棉布肚兜。肚兜底部的元寶造型寓意前程財富的
源源不斷。

221 / 如意兜 / 清晚期，如意形串珠吊掛式綢地肚兜。多個如意構成的如意外形肚
兜，構思精巧奇妙。表達對吉祥如意的美好祈願。

222 / 胸衣 / 以蝙蝠圖騰來寓意"福到身心"。

223 / 牛舌衣 / 清中期，雲氣紋提花米色內衣，外形有如牛舌形狀，故名"牛舌
衣"。

224 / **225** / 水田衣肚兜 / 此肚兜為"水田衣"形制，因拼接各種布片，狀如水稻之
田，故名。而水田衣的內在寓意是通過取長者零碎布片來汲取陽壽，從而祈願
小輩們健康長壽。

226／肚兜（局部）／以貼布工藝構成圖騰紋樣。

227／肚兜（局部）／清晚期。以貼繡工藝製作獅子形象，飾於肚兜頸緣處。

228／**229**／胸衣（局部）／以盤繡、釘針繡等多種技法作為裝飾手段。

是清代內衣中最富有特色的造型，為男子夏日所用，體現文人居士的儒雅氣質（圖223）。葫蘆兜──外部形態借用葫蘆形來構成輪廓，左右對稱。取自八仙神靈鐵拐李所執道具葫蘆造型來祈求神靈的保佑。

還有一種肚兜為"水田衣"形制（圖224、圖225）。"水田衣"也稱"百衲衣"，不僅是為了表現色彩的多樣性與美感才流行取親朋鄰里中長者的零散布來裁製拼合，不單純為了表現多樣的織料與色彩，更不是要把內衣做成"水田"造型，而是取長者（尤其是耄耋老人）的陽壽，認同這些長者的陽壽會通過取來的零碎布片一起依附於子女的身體，是長輩們一種對子女生命理想的寄寓，名曰"水田"僅僅是因為通過零碎片拼合而成的形態如同農耕水田形態而已。"衲"通"納"，"衲"的不僅是長者零樣布料，更是"納"長者陽壽而在內衣上為小輩們作生生不息的祈禱。

中國古代內衣的製作運用繡、鑲、貼、補、嵌等多種技法（圖226─圖229），其工藝上的精細嚴密表現為手工針法上的不皺、不鬆、不緊、不裂，布面外觀上的平服、順直、薄鬆、軟輕。獨具魅力的工藝手段是刺繡工藝的運用，它單憑手工將各種顏色的絲、棉綫在布帛上藉助手針的運行穿刺，構成既定的花紋圖像或文字圖形（圖230─圖233）。這種手繡工藝在內衣上的廣泛運用，使內衣形象更為精細雅潔，多彩而富麗。手繡工藝"設計──描稿──面料上繃──運針──整理"的獨特流程及精湛技藝堪稱一絕。

技藝上的精巧還表現在層次上的安排與局部綴飾的講究。胸部吊帶與胸衣片相接縫處，綴以盤花圖形（圖形盤繞或如意紋盤繞）（圖234─圖236），使接口處顯得奇巧而動人。鑲有金色絲綫的繡紋精美富麗、楚楚動人（圖237）。

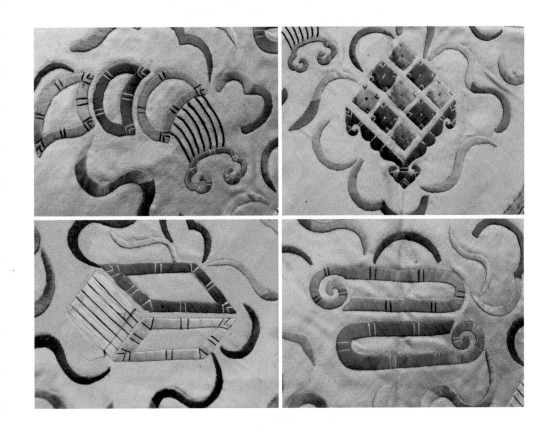

230 - 233 / 肚兜（局部）/ 分別以琴、棋、書、畫為裝飾素材，可見手繡工藝的精妙。

234 - 236 ／肚兜（局部）／肚兜角隅的相接之處以盤花、如意盤紋等圖形來修飾，寄寓美好祈盼。

237 ／肚兜（局部）／金色絲綫的繡紋使肚兜更精美華麗。

三 寓意與圖騰

　　中西方內衣中的紋飾現象均擺脫不了人類圖騰制度的共有制約，無論是西方緊身內衣中的鬆草紋樣，還是中國內衣中的動植物紋樣，均是圖騰制度中三個因素的結合體。所謂圖騰，被視為氏族的保護者和標誌，即規定的崇拜儀式，產生於原始社會母系氏族時期，在以狩獵、採集為生的人類社會，每個氏族都和某物（動物、植物、臆造物）有血緣關係，此物即被尊奉為該氏族的圖騰。圖騰通常以某一個形象物來體現，在內衣文化中圖騰一般以某個形象的紋飾來表達。

　　人類裝飾行為中無論是一隻動物，一株植物，還是某一個臆造物在圖騰藝術中都會被人們當成生命，成為祭祀並表達相應生命與情感寄託的媒介物。中西方內衣紋樣中圖騰制度也是三個因素的結合體：一、社會因素。一個動物或植物或臆造物，與有社會行動的群體之間的關聯。二、心理因素。群體成員相信他們與動物、植物或臆造物有一種親屬關係。三、儀式因素。對動物、植物、臆造物的尊崇崇拜，當作生命的一個部分，運用於生活的每一個方面。在這些特定的信仰、崇拜、禁忌的背後，紋樣的形式表象中潛含着某一動物、植物或臆造物與某一氏族之間的關係，通過紋樣的圖示我們同樣可以識別這些不同的群體。

① 緊身胸衣

　　緊身胸衣上的裝飾紋樣多為花朵、鬆草或纖細的藤蔓（圖 238），這些植物紋樣蜿蜒迴旋的動勢非常具有欣欣向榮的生命力，整個紋樣生動、鮮活（圖 239）。霍加茲（18 世紀英國畫家）在自己的《美的分析》一書中也闡述了自己對物體形式的分析，朱光潛把霍加茲的分析總結為："他認為最美的綫形是蜿蜒形的曲綫，因為它最符合'寓變化於整齊'的原則……他指出美的主要

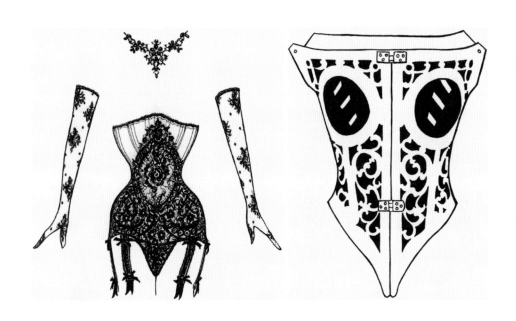

238／復古風格的時尚內衣／帶有花朵、鬈草紋裝飾的黑色蕾絲緊身胸衣。

239／緊身胸衣（摹本）／鐵製鬈草紋鏤空緊身胸衣。

240／插畫（局部摹本）／1830 年，帶有心形圖案裝飾的緊身胸衣。

241／插畫（摹本）／心形圖案、蕾絲、蝴蝶結等裝飾的緊身胸衣。

特徵在於細小和柔弱，還是從形式上着眼"（朱光潛《西方美學史‧下卷》）。
另外，鮑桑葵也認為："在自然象徵主義裡，花萼的綫條代表生長和生氣。"
（鮑桑葵《美學史》）

　　緊身內衣上不僅有植物紋樣，有時也會出現象徵愛情的圖像或文字。
"17世紀其他的胸衣，無論是內襯金屬、觸角還是象牙的，都繪有丘比特的
圖案，或被箭射中的心，或是一顆燃燒的心（圖240、圖241），同時還嵌有
諸如'愛在你我之間'、'箭讓你我相連'之類的話語。一件18世紀的胸衣上
就繪有這樣的圖案，圖上的女人用劍刺穿了男人手裡的心"。（瓦萊麗‧斯蒂
爾《內衣，一部文化史》）這些象徵愛情的圖像或文字，直白地傳達了緊身胸
衣穿着者的內心訴求，即對愛情的熱烈追隨。另外一些鑲邊的織錦緞緊身胸
衣，上面繫有緞帶、蕾絲帶或者蝴蝶結，非常繁縟奢華，只有與"暴發戶"品
位一樣的人才會選擇穿這種緊身胸衣。

② 　肚兜

　　綜觀中國古代內衣，圖騰紋樣題材通過內衣這一平台，將山水、花鳥、
雲氣、吉祥物展示其上，主張天、地、人同源同根、平等和諧的文化觀念，
在身體展露上將以形寫神，達道暢神作為裝束理想的美學思想，是最具文化
內涵的特徵之一。在內衣紋飾的形、神表現上，既注重對自然景態外在美的
描摹，又強調物象寓意寄託及意蘊表述，使"超以象外，得其寰中"的意境
更為極致。那種求生存，追求福、祿、壽、喜的信仰通過表徵的圖案形象得
以體現，"虛室生白，吉祥止止"（《莊子》），注釋着"吉者福善之事，祥者
嘉慶之徵"。在內衣上以表徵形象來祈求人間諸事皆祥瑞，"天下太平，符瑞
所以來至者，以為王者承天統理……德至草木，德至鳥獸，則鳳凰翔，白鹿
見……"。（《白虎通義》）山、水、日、月、雲氣、花、鳥、蟲、魚等，成為
對吉祥祈求的意念符號，使"吉凶有兆，禍福有徵"。

　　藉助於組合寓意紋樣，將抽象的概念形象化，使抽象概念與某一具體的

242 / 肚兜 / 含有金色絲綫繡盤龍紋圖騰，目的在於祈福禳災。

243 / **244** / 胸衣（前、後）/ 借用龍、鳳圖騰，以求榮華富貴、吉祥平安。

245 / 肚兜 / "虎驅五毒"圖騰，敬拜的是母親祈求神靈保佑子女平安健康。

實物形象相對應，再將此實物變形、打碎、提升、整合，從而完成對理想與寄寓的表達。這種方式集中表現在吸收借字、喻義、象形、諧音、寓意等手法，將花卉、鳥、蟲圖形組合成象徵喜慶吉祥幸福的圖案，最終通過在內衣上的紋樣加以表達。

崇拜神靈物：

肚兜紋樣常藉助對不同神靈物的紋飾表現，來寄寓或神法無邊、或祈福禳災、或辟蟲辟災的心理期盼（圖 242）。例如祈盼藉助龍的施雲佈雨而滋生萬物，鳳的飛騰盤旋而帶來的和平吉祥，虎的兇猛威嚴而驅除百邪，獅的勇猛善舞而能鎮妖辟邪並能帶給人們喜慶，麒麟的靈智能給予人們祥瑞。

肚兜上借用龍、鳳圖騰也是敬拜它的善變之神趣、應機佈教之能量的異常靈懷（圖 243、圖 244），期盼生活的榮華富貴、吉祥和平，希望子女日後能成"龍"成"鳳"而光宗耀祖。

虎在中國女紅藝術中也被稱為"虎符"、"虎爺"，是典型的驅邪除惡之神。《風俗通》："虎者陽物，百獸之長也，能噬食鬼魅，係其（虎符）亦辟邪惡。"虎的圖騰在女紅物件中的運用極為普遍，尤其在每年的端午節令之前，女性長輩們為孩童準備的肚兜上常用此紋樣來充當驅除夏令百害之蟲的神靈符號，故也有"虎符衣"之說（圖 245）。民諺云："端午節，天氣熱。五毒醒，不安寧。"為防止蛇、蜈蚣、壁虎，蜘蛛、蠍子等"五毒"侵襲孩童，而選用虎紋那神格化的威猛造型置立中央，四周再佈滿"五毒"的害蟲形象。虎的形象一般是仰頭怒吼，前爪高揚，神氣十足作捕食"五毒"狀。女紅虎神圖騰表達的是母親祈求神靈保佑子女身心康健，免受蟲害之災且精、氣、神十足。

獅子威嚴雄武，被稱百獸之長。據傳獅子是漢武帝時張騫出使西域時被作為貢品帶回才傳入我國的，獅子也是佛教中的祥瑞神獸（圖 246）。《傳燈錄》："釋迦佛生時，一手指天，一手指地，作獅子吼云：'天上地下，惟我獨尊。'"肚兜紋繡藉此把獅子視為辟邪鎮宅的神靈，有"事事如意"（"事"通"獅"）之說。

246 ／肚兜／借百獸之長的獅子作為圖騰，祈盼天降祥瑞，事事如意。

247／肚兜／"麒麟送子"的圖騰傳達了祈盼子孫興旺發達的願望。

248／249／肚兜（局部）／中國傳統文化常以金蟾、玉蟾作為祥瑞之物，也會被單獨用來作為求吉祥、庇佑仕途順暢的寄託。

250／肚兜／中國女性將花朵賦予人格精神，將花視為自身來審視，以狀物詠情來應寓風雅。

麒麟是古代四靈動物之一，麒為雄，麟為雌，其形象在各個時代有所不同，至明清時期，形成全身披有鱗甲、龍頭、獨角、麋身、狼蹄、牛尾的程式化形象。肚兜上借用麒麟紋樣傳達了祈盼子孫興旺發達的願望（圖247），"麒麟送子"與"麟吐玉書"對應女子所生童子日後必是國之英才的民間傳說。

另外還有以蟾蜍為紋飾圖騰的古代內衣。在中國的古代詩歌中，經常以玉蟾、金蟾指代月亮，以"蟾宮"指代月宮。傳說中，蟾蜍就是嫦娥的化身，因為嫦娥是偷了後羿的不死神藥之後才奔月的，所以"托身於月，是為蟾蜍，而為月精"。（出自古本《淮南子》）張衡《靈憲》載："月者，陰精之宗，積而成獸，象蛤兔焉。"這裡的蛤即蟾蜍（兔即指兔子）。但隨着人們對美好的月亮神話的嚮往和不斷改編，醜陋的蟾蜍漸漸就被人們從中抹去了。

但由於蟾蜍的獨特藥用價值以及它本身的神秘性，也常常作為西王母身邊的仙獸。它還被道家與煉藥、法術聯繫起來，古書《道書》記載："蟾蜍萬歲，背生芝草，出為世之祥瑞。"隋唐以後，科舉制度興起，蟾蜍又和月桂一起被賦予新的含義，古人之所以將硯台作蟾形，是為了寄寓"高中"的人生理想。所以蟾蜍也會被單獨用來作為求祥瑞、庇佑仕途順暢的寄託（圖248、圖249）。

人格化與象徵：

肚兜紋繡運用不同物象來表現不同的特殊意義，並將所表現物象賦予人格精神，以狀物詠情來應寓風雅。女性肚兜上常借用"花"來作為人格化象徵最具特色。花在中國文化中是女陰的象徵。古人相信，有些花就是由人變化而來的。花的人格化極致，便是女性將花視為自身來審視，當作現實中的"人"來看待，並在這個過程中體會和感悟着自我的人生理念，以這種獨有的寄寓方式反映在肚兜中。人有各品，花也有各品；人有等差，花也有等差（圖250）。《幽夢影》道"梅令人高，蘭令人幽，菊令人野，蓮令人淡，春海棠令人艷，牡丹令人豪，蕉與竹令人韻，秋海棠令人媚，松令人逸，桐令人清，柳令人感"，各顯風致。這些花與人的同性相吸、同氣相求，使肚兜紋繡藝術達到了一種心物貫通、物我兩忘的寄寓境地（圖251）。

中國女性借牡丹紋飾與神韻來寄寓雍容華貴的生活理想延續至今，並且由此肚兜中繁衍出"功名富貴"、"長命富貴"、"榮華富貴"、"滿堂富貴"、"富貴萬代"、"富貴平安"、"富貴耄耋"等一系列吉祥紋飾（圖252）。中國女性視蘭、荷為人格化的象徵，她們看到的蘭、荷卓爾獨立、堅忍不拔、身情異香，寄託娟潔清芬、自尊自愛、不隨流俗、不媚世態、貞姿高韻的心道情志，成為肚兜紋飾藝術所表達的最佳題材（圖253）。到了清代民國時期，肚兜紋飾常以荷（蓮）紋樣寄託祥瑞與祈子的祝願。"連（蓮）年有餘"以娃、蓮、魚的合成，表現連年有餘的吉祥寄託（圖254）；"連（蓮）生貴子"以蓮、桂的合成，祈盼多子多福而生命繁衍不息（圖255）。梅、菊寄寓崇高品節。"梅"是一種高格逸韻的奇木，它凌霜鬥雪，衝寒而開，被視為報春的使者或春天的象徵。梅的寒肌凍骨、如雪如霜、冰清玉潔、幽淡雅麗、冷香素艷、高情逸韻為世人讚道。中國女性在肚兜紋飾中對梅、菊的表現與讚歎，也是賦花以人格的最形象體現，借梅、菊來讚歎人的崇高品節，如高潔、傲岸、超拔、隱逸、幽獨、清奇、素雅、冷艷、堅貞、無畏等，並寄寓美好的人生願望和理想。月季寓意四時常春、花容常駐。肚兜上的月季紋樣借其天然美艷的迷人性態，來寄寓對生命四季常青及青春容顏常駐不衰的情感關照（圖256）。

諧音式假借：

中國肚兜上的紋樣以諧音假借來傳達不同的寓意，體現女性不同的情感寄託與祈求。唐代歐陽炯《女冠子》："荷花蕊中千點淚，心裡萬條絲。""絲"諧音"思"，構成工巧貼切的諧音雙關。例如："蝠"與"福"、"鹿"與"祿"、"有魚"與"有餘"，前者是物象，後者是諧音式假借，由此構成形與聲的假借意念，最終來傳達"福""祿""餘"的吉祥情感寄寓（圖257）。

"蝠"與"福"。蝙蝠形象雖然醜陋，但因"蝠"與"福"諧音，故被借用來賦予吉祥的寓意。"五福捧壽"由五隻蝠圍繞一個圓形篆書"壽"字，五

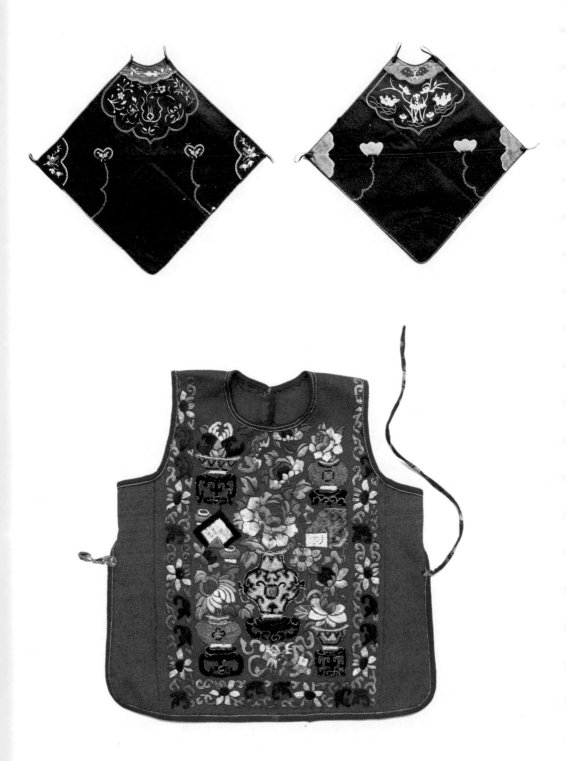

251／肚兜／左／以梅花作為紋樣，反映對錚錚傲骨的敬拜。／右／繡以蓮花，表達對蓮花"出淤泥而不染，濯清漣而不妖"的讚頌。

252／胸衣／以牡丹和花瓶紋樣作為主要圖騰，寓意"富貴平安"，反映對美好生活的嚮往。

253／肚兜／上／以蘭花紋樣表達不隨俗流、不媚世態的心道情志。／下／繡以梅花紋樣，表達對高情逸韻、堅貞無畏精神的頌揚。

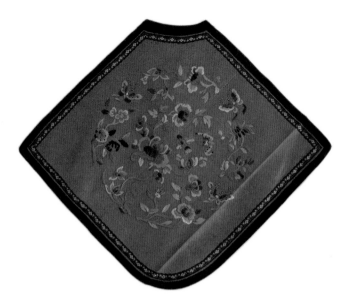

254 / 255 / 肚兜 / 以蓮、娃、藕等圖騰寄託祥瑞與祈子的祝願，祈盼多子多福及生命繁衍不息。

256 / 肚兜 / 將梅、蘭、菊、月季等花卉紋樣集於一身，反映對高尚情操的讚頌，寓意人格的完美。

257 / 肚兜（局部）/ 葫蘆貼布裝飾，表示對福、祿的吉祥情感寄寓。

隻蝠寓意"五福"（圖 258、圖 259），《尚書·洪範》："五福，一曰壽、二曰富、三曰康寧、四曰攸好德、五曰考終命"，寄寓福壽雙全的生命理想；"五福和合"由五隻蝠與一隻盒（"盒"與"合"諧音）構成，"和合"又是古代傳說中的婚姻之神，並祝頌夫妻恩愛、家庭美滿、多福多壽；"納福迎祥"由兒童將蝠放入容器中來寓意納福，寓意孩童會由此福運吉祥相繼而至。

"魚"與"餘"。魚，在古代比喻為未婚妻，有"以披霜鳥求魚之心切"比喻自己欲婚之意，"魚"還有"女"的喻意。在神話傳說中，有天女變魚，魚受人精，魚生人，魚又變天女，其內涵正是以魚象徵女陰與女性來崇拜生殖，再由此產生連年吉祥豐收的寄寓功能轉化。常見的紋飾"年年有餘"，以娃娃、魚、蓮花燈組合而成。胖娃娃抱着鯉魚並襯以蓮花來寄寓連年有餘、生生不息的理想（圖 260）。

"鹿"與"祿"。鹿，古代稱為"候獸"，因它的角會自然脫落後即孕生鹿茸的現象而作為計歲授時而得名，鹿由此也被視為生命繁衍的象徵。此外，借"鹿"與"祿"、"路"、"六"諧音也表達一種人們對祥瑞含義的寄託。肚兜紋飾中假借"鹿"物象來寓意人生仕途順達暢通，常與福、壽相伴，構成福、祿、壽三仙（三星）（圖 261、圖 262）。福為財富，祿為官位，壽為長命。吉祥瑞獸鹿（祿）與福、壽二星（圖 263）共構而生成"三星拱照，喜慶臨門"的祈祝象徵，以此來表達女性對生命理想的情感寄寓，尤其是期盼並祝願家人能在仕途上不斷升遷。

<u>表情性字符：</u>

以某一個或幾個漢字、英文，構成某一單獨紋樣，用在肚兜上來傳達人生價值意念與生活態度，也是中國肚兜圖騰藝術的特色之一。

在胸際（內衣的上端）用"心如松貞"、"心廣體壯"、"潔身如玉"、"四季如春"、"壽"、"福"等藝術化、色彩化、刺繡工藝化的文字內容直接傳達人生的價值意念（圖 264）。也有內衣後背處綴有五個裝飾銀幣，上面分別有"風調雨順"、"早升仙界"、"天下太平"、"極樂逍遙"、"國泰民安"等不同

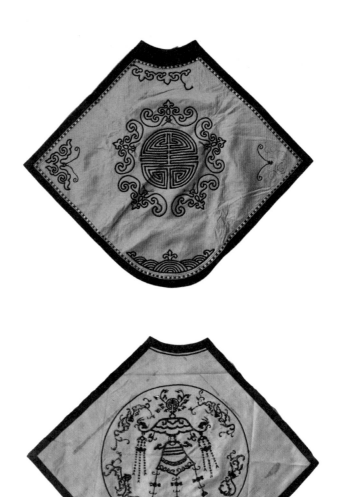

259　　**258** ／ **259** ／肚兜／蝙蝠和"壽"字組合成"五福捧壽"紋樣，表達對"福壽雙全"的美好寄寓。

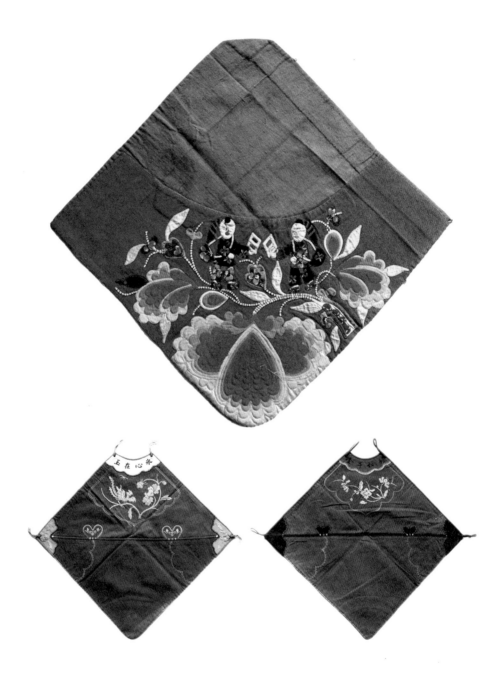

260 / 肚兜（局部）/ 以娃娃、魚、蓮花等組合，祈願連年有餘、生生不息。

261 / 肚兜 / 清晚期，借福、祿、壽人物形象，表達對富貴長壽的祈願。

262 / 肚兜 / 以戲劇人物形象傳達對仕途亨通、人生富貴的祈願。

263 / 肚兜 / 清晚期，色暈法貼布菱形肚兜。繡以福、壽二星，祈盼多福多壽。

264 / 肚兜 / 以"水心在玉"、"利如千金"的字樣傳達人生價值觀。

文字內容（圖 265、圖 266）。後背飾銀幣來隱喻"後輩（背）有錢"的期望，也分別表達着對天、地、人生處世的不同價值觀。

以"日"或"月"的漢字，配以其他圖像紋樣來構成浪漫的理想寄寓（圖267）。"月"在中國文化中的藝術寓意是"母性"、"女性"、"女神"，正如《禮記》云："大明生於冬，月生於西，此陰陽之分，夫婦之位也。"在中國神話中，月神——娥（女媧、女和、尚娥、嫦娥為一人）代表月亮、生命，柔美。"月"作為女性的象徵與和諧的化身，象徵意蘊長期積澱而成的審美原型和審美理想。"月"的形象和文字圖像與女性的潔淨、靜定、朦朧相對應，與內衣穿着時空所包含的輕鬆、寂靜、超脫等情境相合拍（圖 268、圖 269）。

敬拜神仙與忠烈：

中國肚兜圖騰形象中的人物，主要有"劉海戲金蟾"、"金童玉女"、戲曲人物、"將門女子"、"生活形象"等幾大類（圖 270）。

戲曲人物方面，既有西北地區的傳統戲曲形象，也有江南戲曲的角色形象（圖 271、圖 272）。生活形象方面，人物的職業與裝束較為豐富，蘊含生活情節與戲曲故事的表現。傳統人物形象中如"劉海戲金蟾"（圖 273、圖274）、"金童玉女"、"八仙"（圖 275）、"麒麟送子"中的"仙童"等形象運用最為廣泛，程式化及類型化的氣息很濃。

生殖與性愛寄情：

以男女的性愛動作（也稱"春宮圖"）為圖騰形象，起着"性教育"的作用（圖 276）。它主要有兩種用途。其一，是長輩為婚嫁的女兒做陪嫁品（壓在嫁妝的箱底），有待女兒成親後察覺，有夫妻生活的指導價值；其二，是賣春院的女子為招徠客人而特定的內在裝束。含有此類圖騰的內衣有嚴格的時空與特定人物的穿着限定。在性愛動作的圖騰佈局上，一般有兩種以上的動態，強調男女之間的動態，不刻畫身體的細節與局部，陪襯的環境既有花草，也有室內陳列。

在紋飾的造型手法上，中國古代內衣的圖騰藝術性也有浪漫之處。寫實

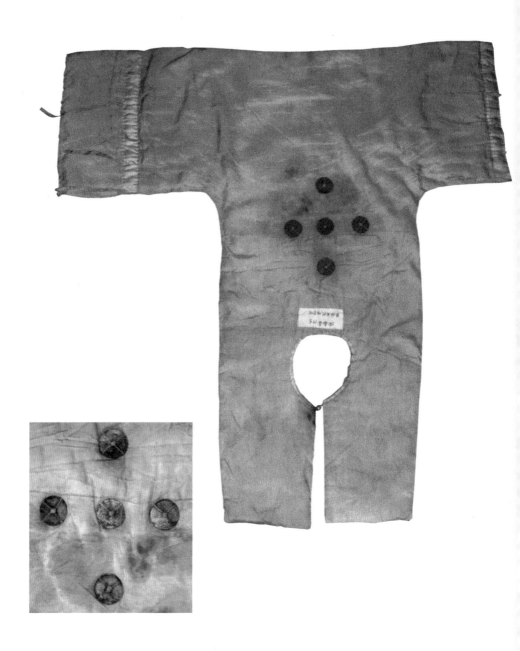

265 / **266** / 主腰（明代）/ 明朝背心式米色綢絎棉主腰，後背處綴有五個裝飾銀幣來隱喻 "後輩（背）有錢" 的期望。

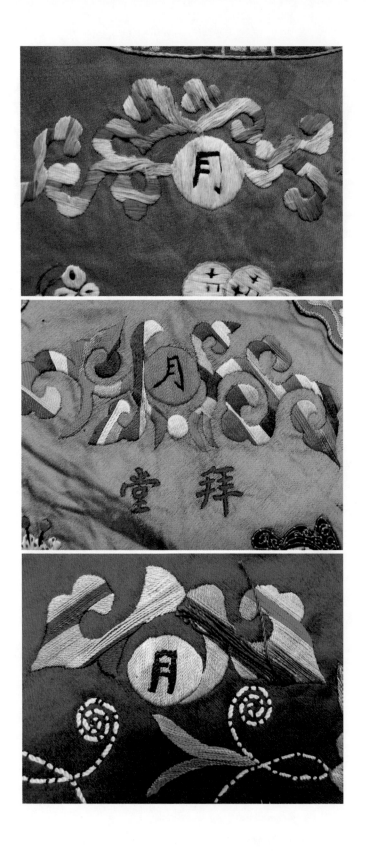

267 - 269 / 肚兜（局部）/ "月"在中國象徵着"母性"、"女性"等深層含義，傳達"潔
　　　　　淨"、"靜定"等和諧寄願。

270 / 肚兜 / 清中期黑布地肚兜。以傳統戲曲人物狄青為形象內容，表達對忠烈的
　　　　敬拜。

271 / 272 / 肚兜 / 以戲曲人物形象為紋樣主題。

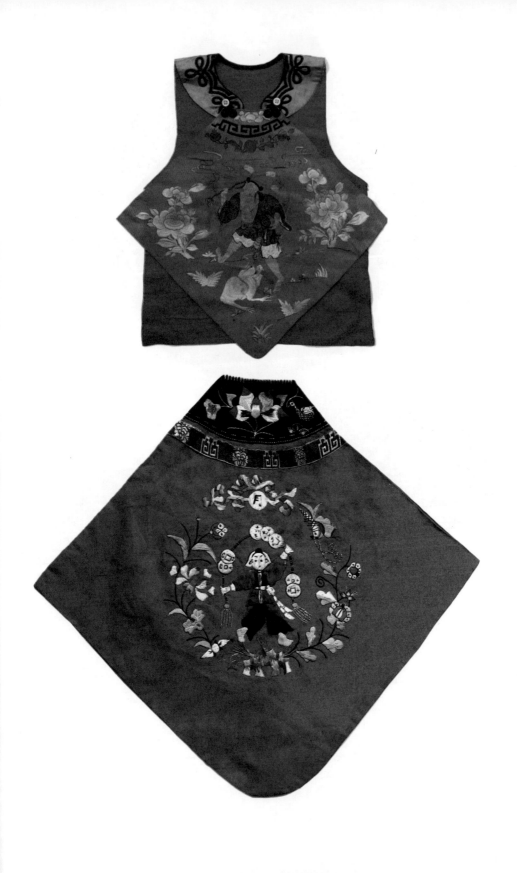

273 ／胸衣（清早期複合式綢地胸衣）／前衣片菱形，後衣片正方，在衣領處用紐扣
繫接，形制獨特，裝飾紋樣為"劉海戲金蟾"。

274 ／肚兜／借"劉海戲金蟾（錢）"的傳說，寓意日後財富源源不斷。

275 ／肚兜／清早期，菱形綢地肚兜。以人物為主題的"明八仙"作為圖騰，表示
對神仙的敬拜，藉此來保佑四方平安。

273

275

274

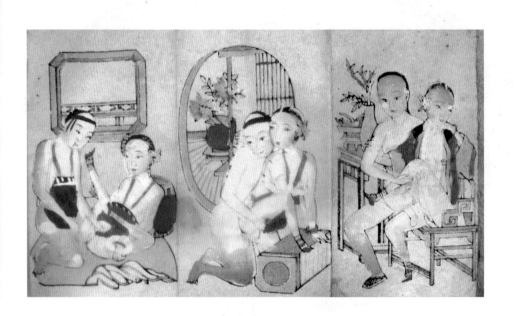

276 ／春宮圖（摹本）／春宮圖以及繡有春宮圖樣的肚兜是中國古代女性出嫁時的 "壓箱底" 物件，以便新婚時所用。

277 ／肚兜／獅子紋樣中的獅子尾部新生出的壽桃與如意紋，構思巧妙有趣。

278 ／肚兜／民國時期，圓擺式米色綢地肚兜。將壽桃、佛手、石榴圖騰集於一身，反映多壽、多福、多子的美好寄寓。

與寫意、省略與添加、誇張與綜合各具特徵。如"麒麟送子"中的麒麟圖形，高度概括的簡約形象大度而富有張力，形神與動態經概括提煉而顯超然脫俗，成為人們心目中理想的祥瑞仁獸。而在紋飾上直接繡有花卉、景觀添加合成的戲曲人物，則是西北地區的一大特色。誇張與浪漫的手法在內衣圖騰的創造中，不乏生動之例。例如，獅子紋樣中獅子的尾部重新生成出一隻壽桃與如意紋，似尾非尾，意料之外，情理之中（圖277）。再如，將壽桃、佛手、石榴三種分別表示多福、多壽、多子的圖騰形象重複疊加（雙層），並在骨架上作"同量不同形"的方位變形，極具寫意性（圖278）。

四 質地與色彩

在質地與色彩方面，中西方內衣在質地選材上大同小異，基本上是人們普遍所知的面料與輔料。但在對色彩的使用上，西方緊身胸衣相對單純，以白色或偏白色的淺色布料為主，表達純淨潔麗的美好（圖279），而中國肚兜的色彩運用則與階級地位、地方區域、文化習俗息息相關。

① 緊身胸衣

雖然緊身胸衣都是布製的，但在材質的使用上也隨着時間的推移有所變化。起初，緊身胸衣採用棉布或者麻布這些質樸的天然材質，這些也是最常用的布料（圖280、圖281）。很多年輕姑娘選用白色人字斜紋布做內衣，因為人們認為少即是多，簡單即為美，這種簡約的緊身胸衣比那些可以製造性感的內衣要誘人得多。後來發展到使用舒適的呢絨，再後來隨着貴族對昂貴奢侈織物的追捧，出現了重絲錦和絲絨，呢絨也被取代了。高級的緊身胸衣

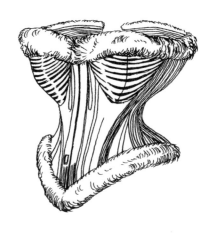
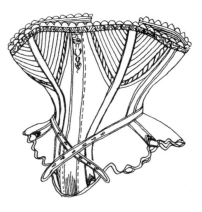

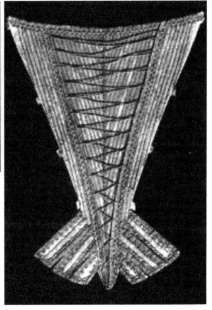

279／緊身胸衣（摹本）／左為 1867 年的緊身胸衣，右為 1872 年的緊身胸衣。

280／緊身胸衣／17 世紀晚期或 18 世紀早期的緊身胸衣。淡紫色絲綢質地，下擺處帶有白色緞帶裝飾。

281／緊身胸衣／18 世紀晚期。粉色塔夫綢緊身胸衣，銀色繫帶裝飾。

面料也不過就是白色綢緞。白緞內衣被譽為"內衣中的女皇"、"完美的白緞內衣"。白緞內衣光澤柔和、手感柔順，並且具有一定的彈性，穿着十分舒適。"物如其主，高雅迷人，冰清玉潔而無矯揉造作之嫌"。（瓦萊麗·斯蒂爾《內衣，一部文化史》）"1597年，女皇（英國伊麗莎白一世）的傭人小矮人托馬森收到了兩件新式緊身內衣。其中一件是外穿的緊身胸衣，或者說是一件用天鵝絨縫製的長袖緊身內衣，鑲有銀色絲帶，用'V'形白色緞子裝飾；另一件是法國式緊身胸衣，用織錦緞製成，內襯粗麻布並附有鯨骨支撐。"（圖282、圖283）

根據《巴黎人的生活》雜誌上的文章："賢良的女人穿白色的內衣，而決不去考慮其他的顏色。"雖然後來出現了色彩繽紛的絲綢或錦緞製成的昂貴的內衣，但白色仍會是大多數人們鍾愛的顏色。白色成為緊身內衣的常用色，因為在西方人的心中，它代表着聖潔。除了白色以外，女人們很少穿着其他色彩的緊身胸衣（圖284）。尤其是黑色的緊身胸衣，是最具挑逗性的一種顏色，被認為是自甘墮落的女子才會穿着的內衣顏色，所以普通人對於黑色內衣有一種望而卻步的情愫。"黑色（緊身胸衣）……尤其是在與藍色的吊帶襪相搭配的時候。還有一種將茶色與玫瑰色混合而成的緞製內衣，很顯然，是專門為那些在道德上對自己放鬆要求的女人們準備的。"（瓦萊麗·斯蒂爾《內衣，一部文化史》）（圖285—圖287）

20世紀後出現了一種緊身胸衣，卻不是用來美體塑形的，它被創造出來用於身體有缺陷或者有創傷的人。前衛設計師侯賽因·查萊安設計的"外科專用"緊身胸衣。採用解構手法，用不同材質拼接而成，從外觀上看起來，就像是一個"受過傷"的緊身胸衣，當然，它也是為同樣受過傷的人而服務的（圖288）。倫敦時尚教父亞歷山大·麥奎因設計過許多緊身胸衣。他由此得到靈感，也設計了類似修復體形的緊身內衣。他採用人造皮革，利用解構手法，將皮革分成若干塊再連接、縫合。雖然這種類型的緊身胸衣在服裝史上非常少見，但它們也代表了一種撕裂的美，彷彿訴說着痛苦與憂傷（圖289）。

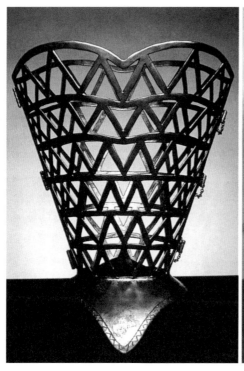

282 ／緊身胸衣／1600 年前後的金屬緊身胸衣。

283 ／緊身胸衣／18 世紀，燈芯草編製花朵裝飾緊身胸衣。

287

288

289

近現代的緊身胸衣，顯然已不將勒緊腰身作為主要功能（圖290、圖291）。人們對三圍比例的追求已經趨向以自然協調為標準，所以緊身胸衣在起到美體功能的同時，還擔任着"錦上添花"的作用，對女性身體的誘惑欲蓋彌彰，使女人變得更性感美麗。因此，緊身胸衣的材料不再局限於硬質的麻布或尼龍，當然更不再局限於鯨鬚或獸角。華麗的絲綢、輕透的蕾絲、經過特殊處理的軟質皮革、帶有彈性的塗層面料甚至緞帶都可以成為緊身胸衣的面料（圖292—圖297）。

② 肚兜

材質運用

中國肚兜的材質包括主料和輔料兩大類。主料指製作內衣的面料；輔料指襯料、花邊、裝飾料、填充料、帶、繩、扣、襻等材料。這些材質的選配同樣因人而言、因時而異、異地而別，因形款而定。"布苧有精細深淺之別……"（李漁《閒情偶寄》）內衣材質的運用較為廣泛，既有絲、絹、綢、緞等高品質的材料，也有土布、麻、紗、蠟染布、竹。局部裝飾的選材更為精巧細緻，例如：用精細的花邊滾飾邊緣，用珠粒串成肚兜的吊帶，以不同質地的綴飾來豐富層次等等，各載其中，與制式、紋飾相輔相成，唯美配置（圖298）。

絲綢：絲織品中的綢類是中國古代女性對內衣的首選材料，女性對它有着情有獨鍾的憧憬（圖299、圖300）。這是由綢類的品質決定的。它柔軟的肌理像夕陽下閃爍多幻的迷人雲彩，流溢出悠揚的旋律；它的順滑手感在與肌膚的親密接觸中，透出溫馨；它的氣質，現出高傲冷艷的神韻。在歷代女性心目中，擁有它就彷彿在心中藏有一片雲彩，可以憑藉它來展現自身的美與情感。

絹與素緞：內衣上運用最廣的是絹與素緞（圖301、圖302）。絹是平紋累素織物的統稱，古人稱之為"帛"。運用它的最大優點是能為繡花提供匹配

290 / 胸衣結構式的時裝 / 1997 年，蒂埃里 · 馬格勒借用緊身胸衣綫形設計的 "甲殼" 套裝。

291 / 麥當娜 / 1990 年前後，麥當娜穿着讓 · 保羅 · 戈提埃設計的緊身胸衣。

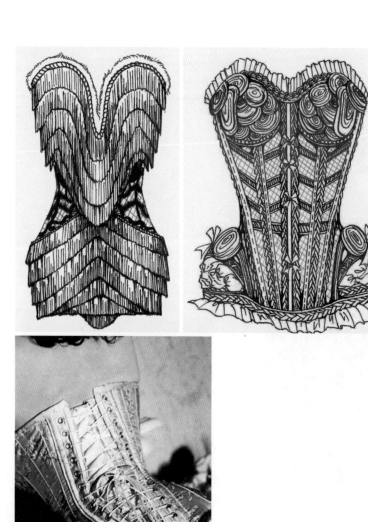

292 ／時尚緊身內衣／黃色流蘇與黑色蕾絲的運用，使得性感的內衣具有層次感的流動性。

293 ／時尚復古胸衣／綢緞質地與繡花的運用，顯得復古而華麗。

294 ／時尚緊身胸衣／編結的裝飾與乳釘的形象化構成，賦予胸衣精彩的華麗與性感。

295 ／時尚緊身胸衣／明艷的黃色漆皮豹紋胸衣，前衛而俏皮。

296 ／ 297 ／時尚緊身胸衣／大面積蕾絲花紋的運用，形成包括頭套在內的整體套裝，唯美驚艷。

298 / 涼衣（也稱 "綫衣"）/ 清晚期的綫衣也是內衣的一種，對襟式棉質綫鈎鏤空
　　　衣，以苧麻、棉綫編織成不同的紋樣，達到疏密與錯落有致的效果。整件衣服
　　　富有節奏，變化有致。

299 / **300** / 肚兜 / 絲、綢是中國古代女性對內衣的首選材料。

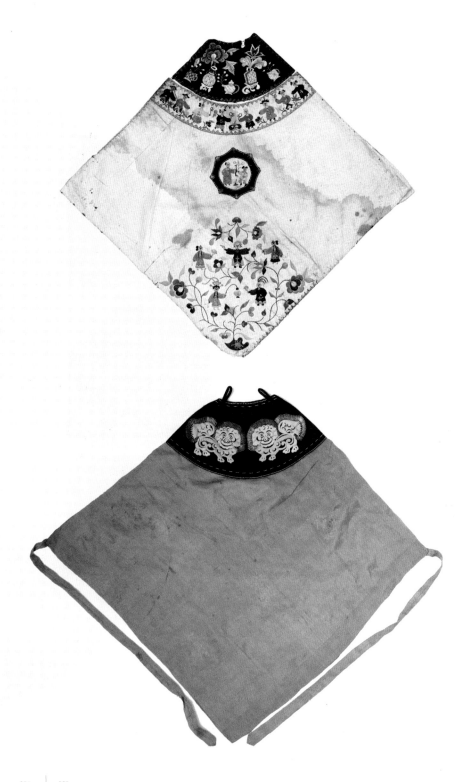

301 / 302 / 絹與素緞是內衣上運用最廣泛的材料。

303 / 304 / 肚兜 / 棉布柔軟，吸汗性很好，適合用來做內衣布料。

305 / 肚兜（局部）/ 波浪形的紗綫花邊用來裝飾肚兜領緣。

306 / 肚兜（局部）/ 以四個珠片和透明珠粒形成的花朵來修飾領緣，細膩華美。

307 / 肚兜（局部）/ 用提花工藝的花邊來修飾肚兜邊緣，強調吉祥祈福的寓意。

308 / 肚兜 / 選擇與肚兜領口飾緣布料顏色一致的棉帶作為繫帶，上面的花紋亦可作為裝飾。

309 / 肚兜 / 以藍色絲帶作為肚兜腰部繫帶，且以黃色穗飾裝點繫帶末端。

的條件，平紋底上作繡效果比斜紋、緞紋面料好。素緞是一種不提花的緞織物，有極佳的光澤效果，一般小面積繡花時選用這種面料，清代特別流行。

棉布：棉布在古代被稱為"白疊"，"國人多取白疊織以為布，布甚軟白，交市用焉"。（《梁書·高昌傳》）（圖303、圖304）中國古代內衣在宋元之後，開始用棉布來作為主要面料。棉布是閩南地區及西北地區民間內衣的首選材料，它能為五彩繡紋提供一個極佳的反襯平台。

花邊：中國古代內衣中對花邊的運用極為廣泛，主要在邊緣、領緣、衽緣處作裝飾，有單、雙、多層之分。花邊的加工形式有手工花邊、機織花邊，材料有紗綾花邊、金絲花邊，風格上有提花花邊、平紋花邊、齒牙花邊、珠光花邊（圖305、圖306、圖307）。

中國古代內衣的輔料運用及種類與外衣一樣，形式多樣，有內襯、繩、帶、扣、綫、填充料等。內襯，也稱"襯頭"。內衣中的內襯不像外衣僅用於領、胸、袖口，而是全部由內襯相托，顯得飽滿、挺括。繩、帶材料以絲帶、棉布帶為主，一般選用同類色的材料作為繫帶，在領、腰處縫綴（圖308、圖309）。扣材料有紐扣與盤扣兩種，起懸繫及契合的作用（圖310、圖311）。綫材料有刺繡用的綫與縫製用的綫兩種。刺繡的綫有不同色彩及絲、棉兩種材質。填充料方面，冬季內衣中一般用棉絮、絲綿兩種來填充作裡，起保暖作用（圖312、圖313）。

隨類賦彩

"……富貴之家，凡有錦衣繡裳，皆可服之於內，五色燦然，使一衣勝似一衣……二八佳人，如欲華美其制，則青上灑綫，青上堆花，較之他色更顯。"明代李漁在《閒情偶寄》中形象地道出了人、色彩、內在服飾的界面關係。中國古代內衣，在色彩的創造運用方面有着非常豐富的想像力。

黑、白、正色與間色的運用比外在服飾更為寬鬆自由，"國色朝酣酒，天香夜染衣"、"百衲水田交錯成輝"、"化工餘力染夭紅"等一系列詩文均表達了古代女性內衣對色彩姹紫嫣紅、春色滿園的意境追求。"黑，火所熏之色也"（《釋名·釋彩帛》），它與青、赤、黃、白共同構成"五方正色"。在古代陰陽五行學說中，黑為水，為北的方位和冬的季節。黑色在內衣上通常用作底色，以其色彩形象的嚴肅、沉着、沉穩來為"五彩作繡"作鋪墊陪襯（圖314、圖315）。"白，啟也，如冰啟時色也"（《釋名·釋彩帛》），白為金，代表西方和秋季。白色在中國古代內衣服飾的運用上，比外在服飾更為廣泛，它的根本原因與黑色一樣，能為彩色的刺繡圖案作美妙的反襯，讓五彩繡花更為奪目傳神（圖316、圖317）。"正色與間色"是中國傳統色彩理論中的分類名，"正色"為青、紅、皂、白、黃，"間色"指除此之外的其他雜色種類。青、赤、綠、紫、流黃、粉紅、棕、褐、湖藍、翠綠是中國古代內衣中最常用的色系，在不同刺繡配色的方案之中，千差萬別（圖318—圖324）。

儘管內衣的私密性、內服性受中國傳統服色尊卑有別的制約較少，但色彩上仍隱約蘊含"色有別"的貴賤、高低、貧富之分。其"色有別"的界定與外在服飾的等級品第劃分是一致的，以貴賤、品第為序：明黃、金銀——紫——紅——褐——綠——青——黑白灰。

內衣色彩展現品第與身份歸於社會屬性，而展現年齡與適應膚色歸於審美屬性。深沉凝重的褐、棕、深藍、黑常為中年婦女所用；膚色的深淺與內衣色彩的搭配也有着因人而定、因條件而選配的相宜原則及合乎色彩"宜於貌者"的審美原則（圖325）。

中國古代內衣的色彩擇用與法則取向，貼切於民俗文化的個性基因及鮮明的地域性，稱得上"一方水土一方色彩"。如貴州地區的渾厚含蓄（黑、深藍、暗紅）（圖326）、江南地區的清麗鮮明（翠綠、明藍、粉紅、大紅）（圖327、圖328）、甘肅地區的單純質樸（白色）（圖329、圖330）、塞北高原的高亢激昂（白底上繡配五彩）（圖331、圖332）……每個區域色彩鮮明而富有個性，與他們所處地域的文化風格與審美定勢完全一致。觀賞每一地域的內衣色彩，彷彿是在聆聽那充滿傳奇的民謠。

中國古代內衣作為吸引異性和對身體性徵區"增嬌益媚"的一種裝飾物，

在色彩上體現着不同的價值取向，強調內衣色彩與人的膚色、身份、年齡、時尚、品第、地域風情相協調，正如李漁在《衣衫》中所言：“婦人之衣，不貴麗而貴雅，不貴與家相稱而貴與貌相宜，紅紫深艷之色，違時失尚，反不若淺淡之合宜。貴人之婦，宜披文采，寒儉之家，當衣縞素，所謂與人相稱也……面白者衣之其面愈白，面黑者衣之其面亦不覺其黑，此其宜於貌者也。”此段精闢的論述形象地提示出古代內衣對色彩的設定有着相應的價值依據與功利取向。這些不同的色彩設置，淺而言之是不同的視覺感應，深而論之則是豐富的心靈寄託。

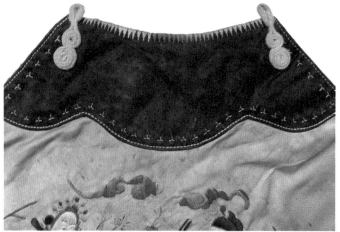

310／肚兜／領處用紐扣來連接的肚兜。

311／肚兜／領口邊緣處以葫蘆形盤扣懸繫、裝飾。

312／內衣／民國時期，五彩繡花卉紅綢地如意大襟貼身衣。

313／內衣／用棉絮作為內膽填充物的保暖內衣。

314／**315**／肚兜／黑色內衣給人嚴肅、沉穩的感覺，但也能更好地襯托鮮艷的圖騰紋樣。

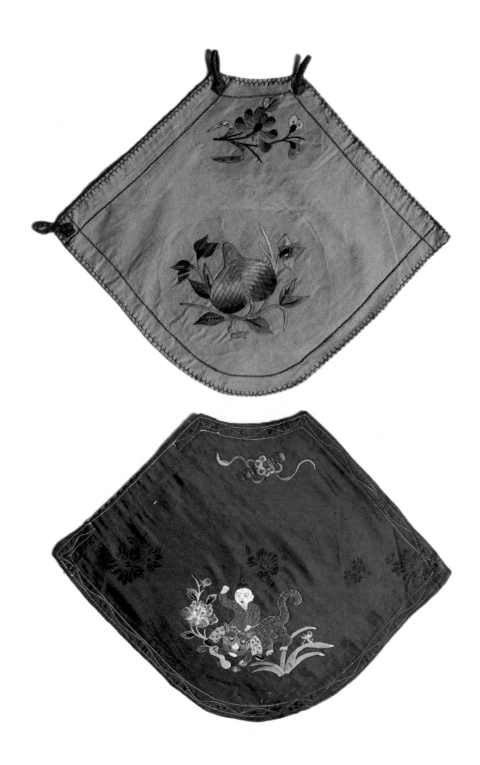

316 - 317 ／肚兜／白色能為彩色的刺繡圖案作反襯，讓五彩繡更為奪目傳神。

318 - 319 ／肚兜／五彩繽紛的各色肚兜，常為年少者所用。

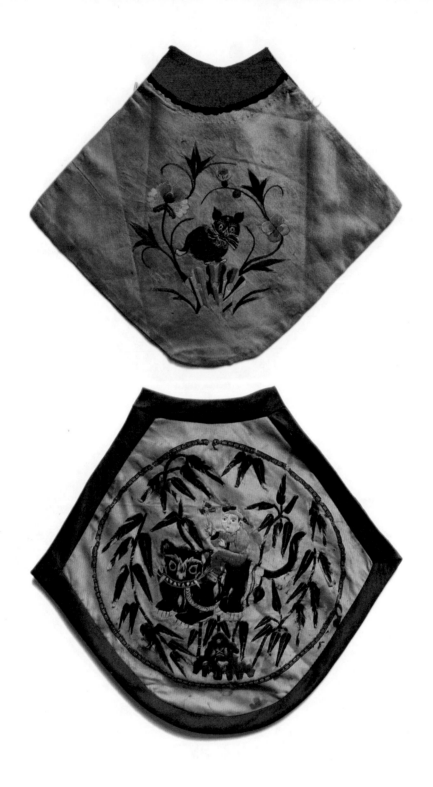

320- 324／肚兜／五彩繽紛的各色肚兜，常為年少者所用。

325／肚兜／黑、棕色肚兜顯得深沉凝重，常為年長者所用。

326／肚兜／黑色肚兜常為中老年婦女所用，但中國西南地區也常使用渾厚含蓄的
顏色（包括黑色）作為肚兜的底色。

327／**328**／肚兜／清麗鮮艷的大紅、明藍等顏色多為江南地區所用。

329 / **330** / 肚兜 / 單純質樸的淺色及白色肚兜，清雅文秀。

331 / **332** / 肚兜 / 民國，扇形白地棉布肚兜。白底配上五彩繡特別絢爛奪目。

Last Part

最後部分

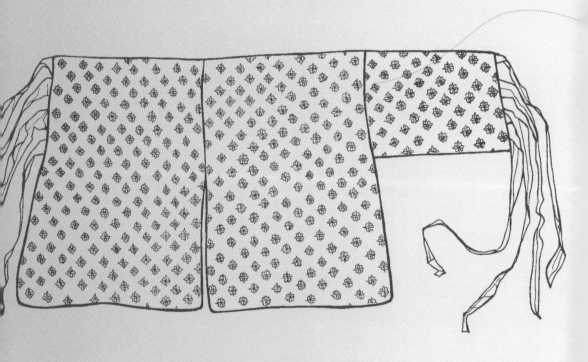

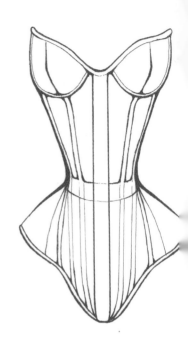

後　記

繼 2005 年上海古籍出版社出版的專著《雲縷心衣──中國古代內衣文化》及 2009 年人民美術出版社出版的《女紅──中國女性閨房藝術》以及新華文摘發表的《論華服文化的深層結構》、《中國肚兜，一部寄情的文化史》等一系列專題論文之後，將中國內衣文化與西方內衣文化作橫向比較，洞察它們的同異與表象背後的生成內涵，一直是心頭的意願。如今，社會的發展使中西方內衣藝術及文化高度地融會與默契，穿戴理念與裝束意識也趨向共同，在這種背景下，越發感到對中西方內衣文化作梳理與研究的必要。通過系統的研討來給予相應的文化評價，透過不同的表象洞察它們不同的生成理念，相互吸收，相互借鑒，在弘揚與傳承中，既博採眾長，又不失本民族的特色，義務與責任迫使我為之全身心投入。

　　如何將中西方內衣的不同文化理念歸納到一個貫穿且關聯的系統中去，在兩者之間的比較中尋找合適的切入點，我為此費盡心思。例如，在《名稱與形制》及《變革歷程》中，分別以"表述式與表意式"，"被寓意化與被結構化"來闡述，將梳理的資訊提升為本質的歸納，從文化的制高點審視各自的構成與發展。研究的不單是"內在衣飾"，而是廣泛的"內衣觀念"。內衣觀念不僅涉及樣式與色彩等表現身體的內容，而且涉及政體、生活方式、性愛觀念、文化藝術、哲學理念等各個方面與此相關的廣闊社會背景。

　　20 世紀以來，內衣不但作為一種人體裝束形態，也成為了大眾"艷俗藝術"中招人耳目的載體。隨着網絡與各種娛樂化的時尚秀的普及，它已徹底地從私密空間走向公共空間，更有人借內衣的幌子來惡俗地表現所謂時尚的美與性文化。一方面目的於靠露乳走光或豐乳肥臀來奪人眼球，另一方面，以內衣藝術秀的名稱來作偽飾，以求最大的商業化與收視率。在這種大背景下，將中西方內衣文化所具有的各種特質彰顯於讀者，是正本清源，是一種義務，更是一種責任。

　　研究過程中，解決了內衣研究中的幾大誤區並有新的突破。例如，傳統研究中有認為內衣不像外衣那樣具有社會與文化價值，中國內衣主要就是肚兜，"水田衣"的創造是為了表現拼貼的色彩美等一系列誤解和偏見。事實上內衣如同外衣一樣，呼吸着時代的氣息，受政體、社會、意識、戰爭、宗教、習俗等因素的影響與制約，是時代的一面鏡子。緊身胸衣去掉鋼材撐架，被用於武器的製造，是服從於二戰的需要；合歡襟的流行始於蒙族統治中原而盡顯異域風情；抹胸的誕生是唐代開放意識在身體上的體現；比基尼與文胸是 20 世紀功能主義與實用主義思潮的衍生物。肚兜的形制不是中國內衣的全部，中國內衣在造型結構上極其多樣，四方、長方、橢圓、三角、菱形、異形各具千秋；色彩不僅是"五色"體系，更有民俗習性的配色理念使內衣色彩別具風情；穿着方式上的吊、繫、扣、裹、掛、纏各有所用；工藝上的多種繡法、手繪、貼布、滾鑲更具鮮明個性。"水田衣"（也稱"百衲衣"）不僅是為了表現色彩的多樣性與美感才流行取親朋鄰里中長者的零散布來裁製拼合，不單純為了表現多樣的織料與色彩，更不是要把內衣做成"水田"造型，而是取長者（尤其是耄耋老人）的陽壽，認同這些長者的陽壽會通過取來的零碎片一起依附於子女的身體，是長輩們一種對子女生命理想的寄寓，名為"水田"僅僅是因通過零碎片拼合而成的形態如同農耕水田形態而已。"水田衣"又稱"百衲衣"在於"衲"通"納"，"衲"的不僅是長者零樣布料，更是"納"長者陽壽並在內衣上為小輩們作生生不息的祈禱。還有為甚麼稱內衣為"肚兜"或"兜肚"，不稱"胸兜"，更不稱"乳兜"，為甚麼稱"抹胸"，不稱"束乳"，是因為中國文化中對身體以"藏"為主的內斂，"不言輕薄"等內在屬性的規定，同時在事物的外表形貌上，"肚"與"胸"比"乳"更迴避身體第二性徵，強調意會而不宜言表的身體表現理念。

中西方內衣從生成到流行，從流行到變異，始終貫穿着豐富的思想內容與文化意味，是社會與歷史的一面鏡子。潛心洞察與研究內衣文化，也是為了讓內衣行業及其創新設計更有內涵與文化理想，而不是缺乏文化的模仿與表象的簡單承襲，通過由表及裡、由外而內地尋找文化基因，以求早日創建本民族內衣文化自己的學科。

內衣文化研究及小眾的範疇，囿於諮詢與文獻的局限，有些章節的篇幅難以平衡。例如：情色與圖騰中國部分比較豐富，西方部分比較單純；結構變化與時代表情西方部分比較多樣，中國部分相對穩定。本着尊重文獻與史實考據的原則，有此偏廢之處，有待日後資訊與考據的充實。

在研究的切入點上，以中西方內衣的傳世實物與形象資訊為主，着重形象的考據。中國部分的實物收集與整理前後花費了數十年的時間，收集過程也是我與歐迪芬內衣公司王文宗先生不斷思考的過程。西方部分的內容得到了斯坦福大學和牛津大學文化學者的支持。西方部分參考了紐約時裝學院博物館主任瓦萊麗・斯蒂爾（Valerie Steele）《內衣，一部文化史》、美國學者珍妮弗・克雷克（Jennifer Craik）《時裝的文化研究》、英國學者亨利・漢森（Henny H.Hansen）《服裝畫廊》、西方學者彼得・西尼科（Peter W.Czernich）主編的《迷戀物》等著作圖文資料。在編撰過程中湯婕妤、武曉媛、張羽對文字及圖像整理給予了極大的支持，吳瑩、周然、薛茹婷、沉天慧、丁怡、趙怡君、陳夢妮幫助複製了部分插圖，藉此一並致謝。

在喧鬧的現實世界中，在崇尚大眾文化的背景下，忍住寂寞，耐住性情，談何容易。當然，對中西方內衣文化研究的不懈耕耘所帶來的收穫也給予我心靈莫大的快慰，它們所蘊藏的藝術魅力和文化意味與我相晤而心領神會，它支撐着我全身心為之付出的信念。

2010 年 12 月於上海

主要參考書目

呂思勉　《中國制度史》 上海世紀出版集團　　2005 年

徐克謙　《中國傳統思想與文化》　廣西師範大學出版社　　2007 年

鍾敬文　《民俗學概論》 上海文藝出版社　　1998 年

陳勤建　《中國民俗學》 華東師範大學出版社　　2007 年

〔荷〕高羅佩　《中國艷情》 台灣風雲時代出版股份有限公司　　1994 年

潘健華　《雲縷心衣 —— 中國古代內衣文化》 上海古籍出版社　　2005 年

潘健華　《女紅 —— 中國女性閨房藝術》 人民美術出版社　　2009 年

何小顏　《花與中國文化》 人民出版社　　1999 年

王書奴　《中國娼妓史》 團結出版社　　2009 年

邵雍　《中國近代妓女史》 上海人民出版社　　2005 年

高春明　《中國服飾名物考》 上海文化出版社　　2001 年

周錫保　《中國古代服飾史》 中國戲劇出版社　　1984 年

劉達臨　《性與中國文化》 人民出版社　　1999 年

張乃仁　《外國服飾藝術史》 人民美術出版社　　1992 年

〔法〕米歇爾·福柯 《性經驗史》 上海世紀出版集團　　2006 年

〔英〕邁克爾·列維 《西方藝術史》 江蘇美術出版社　　1987 年

〔美〕帕特里克·弗蘭克 《視覺藝術史》 上海人民美術出版社　　2008 年

〔美〕瓦萊麗·斯蒂爾 《內衣，一部文化史》 百花文化出版社　2004 年

VALERIE STEELE 《THE CORSET : A CULTURAL HISTORY》 YALE UNIVERSITY PRESS · 2001

PETER W · CZERNICH 《VINTAGE DITA》 SKYLIGHT · 2009

DITA 《FETISH》 DITA VON TEESE · 2006

JENNIFER CRAIK 《THE FACE OF FASHION : CULTURAL STUDIES IN FASHION》 ROUTLEDGE · 2000

HENNY HARALD HANSEN 《COSTUME CAVALCADE》 EYRE METHUEN PRESS · 1975

責任編輯	俞笛	
書籍設計	陳嬋君	

書　　名	**荷衣蕙帶——中西內衣文化**	
著　　者	潘健華	
出　　版	三聯書店（香港）有限公司	
	香港北角英皇道 499 號北角工業大廈 20 樓	
	Joint Publishing (H.K.) Co., Ltd.	
	20/F., North Point Industrial Building,	
	499 King's Road, North Point, Hong Kong	
香港發行	香港聯合書刊物流有限公司	
	香港新界大埔汀麗路 36 號 3 字樓	
印　　刷	中華商務彩色印刷有限公司	
	香港新界大埔汀麗路 36 號 14 字樓	
版　　次	2014 年 10 月香港第一版第一次印刷	
規　　格	16 開（170 × 240 mm）304 面	
國際書號	ISBN 978-962-04-3457-0	

© 2014 Joint Publishing (H.K.) Co., Ltd.

Published in Hong Kong

此《荷衣蕙帶——中西方內衣文化》的繁體版
由人民美術出版社許可出版